AIGC-RY 研究所 著

人民邮电出版社
北京

图书在版编目（CIP）数据

AI 绘画实操指南 ： Stable Diffusion 图像创作入门 / AIGC-RY 研究所著. -- 北京 ： 人民邮电出版社, 2024. 7. -- ISBN 978-7-115-64387-2

Ⅰ. TP391.413

中国国家版本馆 CIP 数据核字第 2024CJ4333 号

内 容 提 要

AI为图像创作注入了新的血液，让人们的创意表达更加丰富！本书详细地介绍了AI绘画知识与实战技能，让读者能实时地掌握这款工具，进入AI时代创意设计的新天地！

本书系统讲解了Stable Diffusion的安装、文生图、图生图、加载模型和扩展插件等入门知识，并通过4个实战案例进行学习巩固。

本书图片精美丰富，讲解深入浅出，实战性强，不仅适合绘画爱好者、插画师、设计师、摄影师、漫画家、AI画师、游戏角色原画师、电商美工、短视频编导等阅读，也可作为AI相关培训机构、职业院校的参考教材。

◆ 著　　　　AIGC-RY 研究所

责任编辑　王　铁

责任印制　周昇亮

◆ 人民邮电出版社出版发行　　北京市丰台区成寿寺路 11 号

邮编　100164　　电子邮件　315@ptpress.com.cn

网址　https://www.ptpress.com.cn

北京九天鸿程印刷有限责任公司印刷

◆ 开本：700×1000　1/16

印张：8　　　　2024 年 7 月第 1 版

字数：185 千字　　　　2024 年 7 月北京第 1 次印刷

定价：49.90 元

读者服务热线：(010)81055296　印装质量热线：(010)81055316

反盗版热线：(010)81055315

广告经营许可证：京东市监广登字 20170147 号

目录 CONTENTS

第「1」章

Stable Diffusion 简介

在科技发展日新月异的今天，AI 绘画已经成为一个为大众熟知的概念。你深入了解过 AI 绘画软件及其使用方法吗？抑或只是通过各种媒介看到了它的神奇和强大？本章就带你认识 AI 绘画软件中的佼佼者——Stable Diffusion。

1.1 认识 Stable Diffusion

Stable Diffusion 由初创公司 Stability AI、慕尼黑大学的 CompVis 团队、人工智能研究团队 EleutherAI 和大规模人工智能开放网络 LAION 的研究人员共同创建，首个版本于 2022 年 8 月 22 日上线。Stable Diffusion 除了可以下载至本地计算机使用外，其控制图像效果的参数种类也很丰富，而且 Stable Diffusion 是完全免费开源的，目前还有额外的上千种模型可供下载，这些代码在 Github 上完全公开，任何人都可以拿来使用。另外，Stable Diffusion 能够自定义训练风格模型，让使用者能够训练出特定的风格模型并以此为基础来生成图片，从而实现更广泛的应用。

由于 Stable Diffusion 可在本地使用，数据的安全性更高，有许多成熟插件可用，免费开源，并且在遵守相应条款的情况下可自由商用，因此其不仅适合 AI 绘画爱好者日常使用，还适合许多设计工作者在工作中使用。

Stable Diffusion 除了具备大众所熟知的以文本生成图像和以图像生成图像的功能之外，还可以修复图像、放大图像、填补图像，甚至与其他软件联合完成分镜设计、动画制作等复杂工程。

基本原理

Stable Diffusion 是一个融合了各种各样模型 / 模块的 AI 绘图软件，包括将文字内容转换成计算机语言的语言模块、去噪后生成图片信息隐变量的图片信息生成模块和把隐变量转换为真正图像的解码器模块这三大主要模块，以及众多为了使这一过程更流畅、效果更优而加入的其他模块，其中图片信息生成模块是 Stable Diffusion 的核心模块。

Stable Diffusion，直译成中文是“稳定扩散”的意思。

先来看“扩散”，即扩散模型，从技术层面来讲，其工作原理包括两个过程：前向过程和反向过程。前向过程通过不断添加高斯噪声来破坏训练数据，反向过程则通过反转前述过程来恢复数据。通俗来讲，可以把“扩散”形象地理解为像素点的运动，整个过程就是先让 AI 绘画软件学习大量被加噪后的图片，加噪就相当于让这些图片的噪声点不断运动，并在这些图片和噪声点之间建立相应的联系；当我们命令 AI 绘画软件出图时，它会先给出一幅随机的噪声图，接着让噪声点产生运动并逐步使图片符合我们的预期。我们在使用 Stable Diffusion 时，直接完成了反向过程，也就是由噪声图到图片的过程；而软件的开发者、模型的训练者则完成了前向过程，也就是建立噪声图与图像间联系的学习过程。

再来看“稳定”，扩散模型生成图片的过程，是一个去噪的过程，也是一个噪声点扩散运动的过程，如果不加以控制，这个过程就是无序的，得到的图像自然也是随机的。那么如何让它朝着我们预期的方向进行扩散呢？这就需要 Stable Diffusion 能够听懂“人话”，此时就要依赖 CLIP 语言模型的强大功能了。CLIP 译为“对比性语言 - 图像预训练”，这个模型包括图像编码器和文本编码器，CLIP 语言模型通过不断提高图像和文本的匹配程度，能够识别使用者输入的文本并控制噪声点向贴近文本的方向产生扩散运动，达到“稳定扩散”的目的。

当然，对于使用者而言，这些深层次的原理并不需要过于深入的学习，但还是希望大家了解 Stable Diffusion 生成图像的基本过程，即在文生图时，是从一张原始噪声图不断进行迭代、去噪计算，再给出最终图像；在图生图时，则是先为原图添加噪声，然后结合参数进行去噪计算，再给出最终图像。

文生图的基本过程

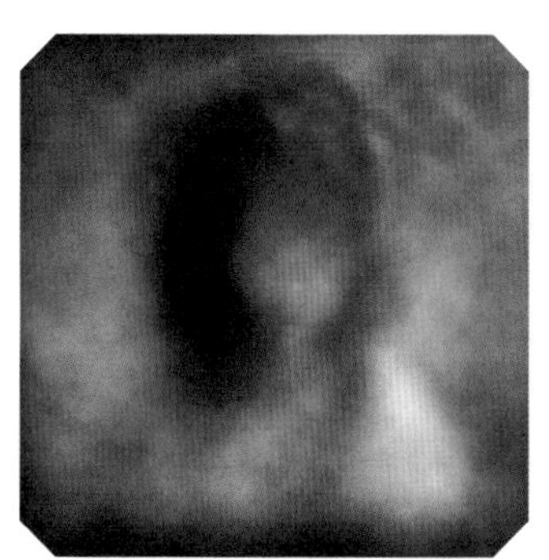

原始噪声图

去噪过程中

最终图像

图生图的基本过程

原始图像

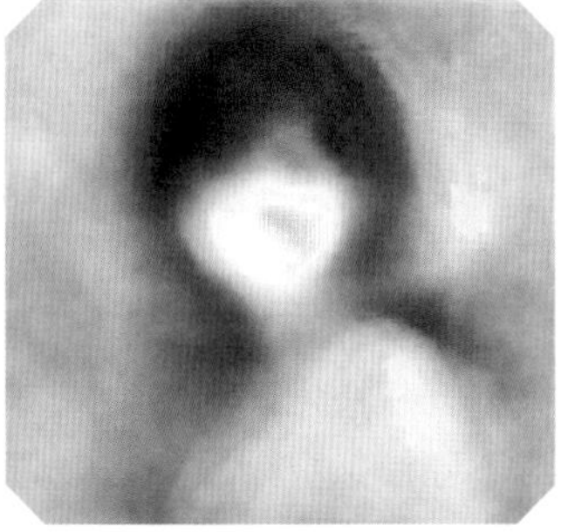

添加噪声

去噪后的最终图像

浅析 SDXL

到目前为止，Stable Diffusion 发布了号称迄今为止功能最为强大的图像生成开源大模型，即 SDXL1.0 模型，该版本中的 Base 模型的参数总量为 35 亿个，Refiner 模型的参数总量更是高达 66 亿个，是之前 V1 模型的 10 倍左右。相比之前的版本，SDXL1.0 模型在使用过程中也更具优势，基本体现在以下几点。

第一，对于提示词的包容度大幅度提高。在之前的版本中，提示词除了要包含对于图像内容的描述之外，还需要包含大量诸如 best quality、masterpiece 等控制出图品质的词语，以及 low quality、bad anatomy 等用于避免出图错误的反向词语。但是在 SDXL1.0 模型中，即便不加入这些词语也能够得到品质较好的图像，而且相比之前使用单词、短语等词条式文本时出图效果更好的情况，新版本对于自然语言的接受度更高，这也就意味着它更能听懂“人话”，写提示词的门槛也就随之降低了。

第二，支持更高分辨率图像的直出。在之前的版本中，模型训练样本多为 512 像素 ×512 像素、768 像素 ×768 像素的图像，这导致在生成图像时，若初始分辨率设置得太高，Stable Diffusion 就会误以为要生成多张图像，从而出现多人、多头等“鬼畜”效果。新版本的模型训练样本扩展到了 1024 像素 ×1024 像素的图像，这样不但在生成更高分辨率的图像时不容易出现身体结构混乱的情况，还会让画面的细节更为丰富。

SD 1.5

SDXL 1.0

第三，增强了对于图像细节的优化功能。SDXL1.0 模型包括 Base 和 Refiner 两个模型，前者用于普通生成图像，后者用于对生成后的图像进行二次加工，使细节得到优化，这相当于综合了市面上多个处理细节的插件或模型的功能。

SD 1.5

SDXL 1.0

第四，图像内容的准确性有了质的提升，主要体现在手部处理和文字书写两个方面。之前的版本在这两个方面都表现欠佳，虽然手部处理方面的不足可以用其他插件或模型来加以弥补，但它们对文字书写的错误却无计可施。SDXL1.0 模型已经能够大致辨认出符合要求的文字，虽然还是会出现一些错误，但在技术层面无疑有了很大的进步，这就为 AI 绘画在设计领域的广泛应用奠定了坚实基础。

SD 1.5

SDXL 1.0

第五，可选择的画面风格更多。在之前版本的 Stable Diffusion 中，想要改变画面风格，就要通过其他微调大模型或者合适的 Lora 模型来实现；而在新版本中，只需要输入相应的提示词就可以在插画、动漫、摄影、奇幻、朋克、折纸、线条、3D、像素等十几种风格中自由选择，省去了在各种模型中选择和切换的时间。

摄影

奇幻

线条

1.2 Stable Diffusion 的安装

Stable Diffusion 可以在本地运行是其优势之一，但也因此对计算机的硬件要求较高。目前最新的 SDXL 模型通常要求计算机有 Windows10 及以上的操作系统，32GB 及以上的内存，60GB 及以上的硬盘空间，带有独立的 NVIDIA 显卡，且显存不低于 8GB。此外，良好的网络环境和上网条件也是必不可少的。

GitHub 有 Stable Diffusion 的开源代码，动手能力比较强的读者可以前往该平台的官网查看详情并自行部署。

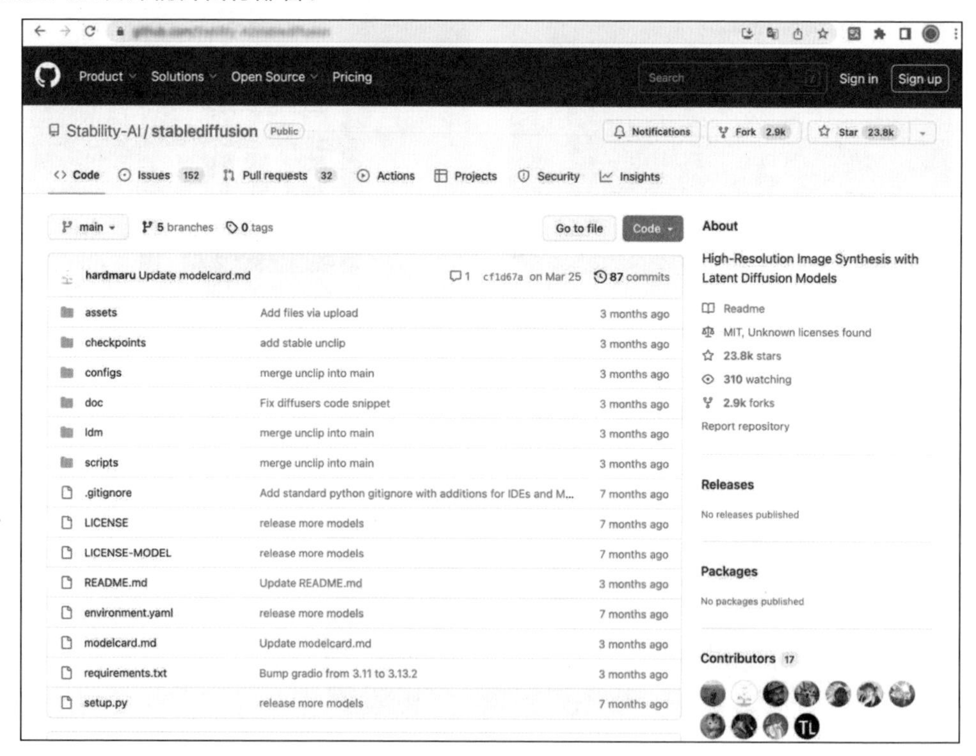

另外，相对于 Stable Diffusion，Stable-Diffusion-webui 可能更适合大多数人，两者虽然在计算原理和出图效果上没有什么差别，但后者是在前者的基础上进行封装后的开源项目，界面交互的方式更适合普通使用者，不过使用者同样需要有一定的计算机操作基础才能顺利部署其开源代码。

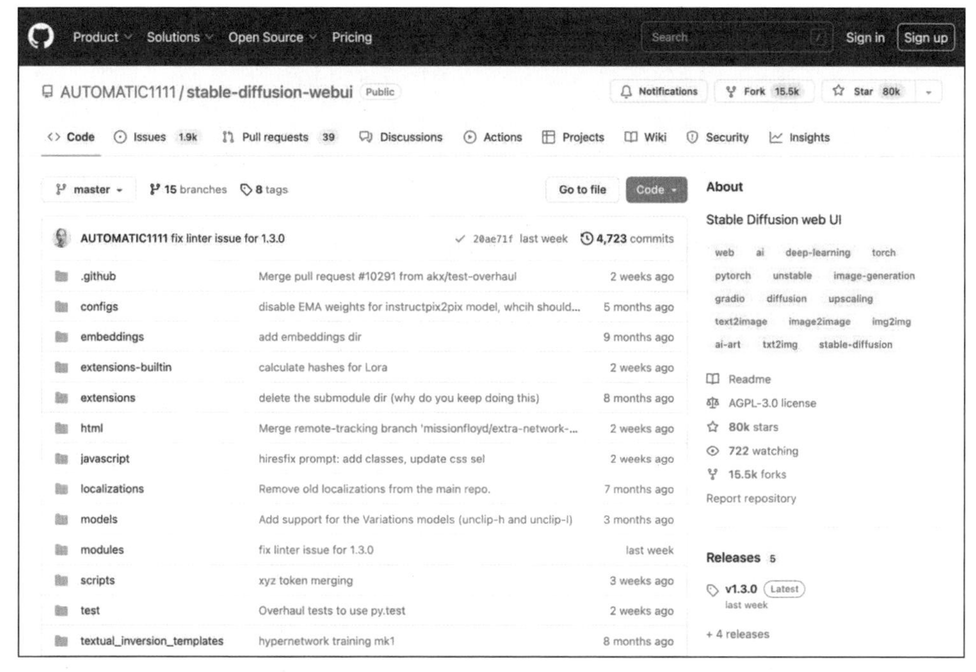

新手可以通过秋叶启动器来使用 Stable Diffusion，其便捷的安装方式大大降低了使用 Stable Diffusion 的门槛，具体内容大家可以自行在网络上搜索，该启动器的制作者发布过详细的教程和视频，这里就不赘述了。

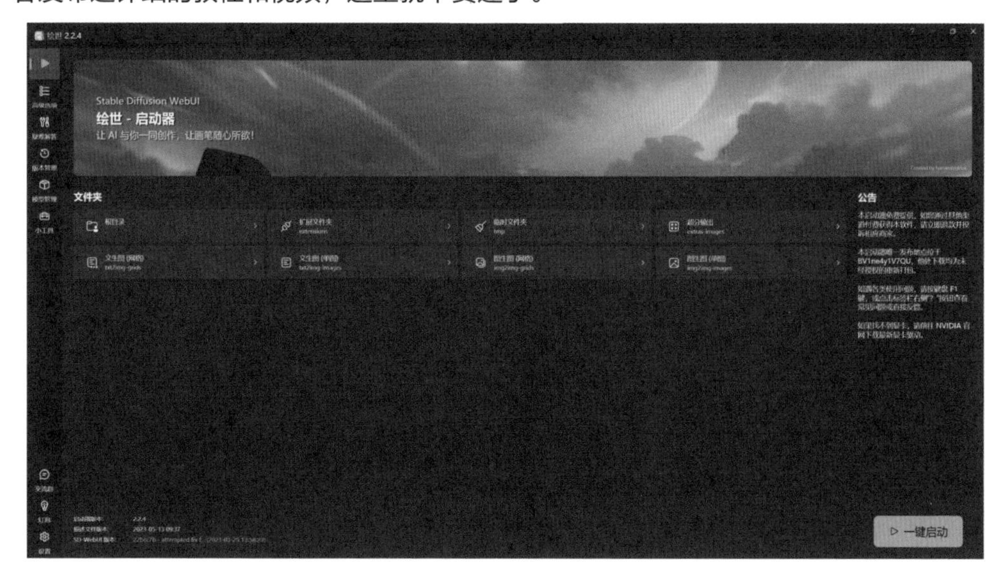

1.3 Stable Diffusion 的界面介绍

Stable Diffusion 界面最上方的 3 个参数分别是 Stable Diffusion 模型、外挂 VAE 模型和 CLIP 终止层数，前两个参数会在第 5 章中详细讲解。需要注意的是，在没有特别指明的情况下，本书的所有操作都是基于 SDXL 模型进行的。

CLIP 终止层数

在之前的版本中，该参数可以调整提示词与生成图像的关联性，其数值越高，提示词与生成图像的关联性越低，数值范围是 1～12。以“1girl，flowers，trees”为提示词，分别使用 2、7 和 12 这 3 个数值来生成图像，如图所示，数值越高，出图效果越偏离提示词，数值为 12 时，“flowers”和“trees”这两个词已经被忽略了。所以，如果希望出图效果贴近提示词，就要把数值调低一些；想要得到更为天马行空的效果，就把数值调高一些。但在 SDXL1.0 模型中，经测试发现，该参数对出图效果的影响并不大，因而本书默认该参数的数值为 2。

CLIP 终止层数为 2

CLIP 终止层数为 7

CLIP 终止层数为 12

这 3 个参数下方是 Stable Diffusion 的各功能选项，我们依次来看一下。

文生图　图生图　后期处理　PNG 图片信息　模型合并　训练　设置　扩展

文生图

在该界面中，使用者可以使用提示词来生成图像，也可以设置各参数来对相应的出图效果加以调控，它是 AI 绘画软件最基本、最常用的界面。

图生图

在该界面中，使用者可以以上传的图像为基础，通过各种操作来生成新的图像；还可以对上传的图像进行反推，得到相应的提示词。

后期处理

在该界面中，使用者可以对图像进行后期放大处理，能够调用调整尺寸、提高分辨率和校正面部等功能，可以一次性对多个文件或单个文件夹内的所有图片进行批量处理。

PNG 图片信息

在该界面中，使用者可以对在 Stable Diffusion 中生成的图像进行元数据查看。在使用者上传图像后，该界面会显示生成图像时所使用的提示词、迭代步数、采样方法、随机数种子等信息。

模型融合

在该界面中，使用者可以用 Stable Diffusion 将 2 个或 3 个模型合并在一起，从而综合它们的特点，生成新的模型。

训练

在该界面中，使用者可以使用具有同类型风格的多张图片训练出一个专属的模型，使用该模型便可以得到类似风格的其他图片。

设置

在该界面中，使用者可以对 Stable Diffusion 的各个选项进行预设，对常用的参数进行个性化设置，使其更适应当前的工作，本书保持默认设置。

扩展

在该界面中，使用者可以加载或卸载 Stable Diffusion 的扩展插件，还可以下载安装众多扩展功能，不需要再单独从网络上一一寻找。

本书会对文生图、图生图、后期处理、PNG 图片信息和扩展 5 个功能的界面进行深入讲解，并加入对模型、扩展插件和案例的分析。大家掌握了相关知识，便可使用 Stable Diffusion 随心所欲地生成各种效果的图像了。

第「2」章

Stable Diffusion 文生图界面

Stable Diffusion 非常容易上手，但如果想要使用它绘制出符合期待的图像或实现某些特定的功能，则需要对其各个参数进行深入的了解，否则只能任由它随意出图，并且耗费大量时间和精力在众多不确定的出图效果中不断尝试。本章将带领大家了解它最核心也是使用最广泛的功能——文生图。

2.1 初次使用提示词

成功安装 Stable Diffusion 意味着你拥有了打开 AI 绘画世界之门的钥匙，打开这扇门非常简单，但要深入了解门后的世界却很难。下面就让我们一步步踏入门内，开启这段 AI 绘画之旅吧！

对各类 AI 绘画软件略知一二的使用者应该对“提示词”这一概念并不陌生，它对应于“文生图”中的“文”，即通过输入文本来命令软件按照文本内容生成相应的图像。

文生图界面中包含两个可以输入提示词的文本框，一个是正向提示词框，另一个是反向提示词框。前者用于输入关于想要得到的图像的描述文本，如图像的内容、风格、背景、色调等；后者用于输入关于不希望图像中出现的元素的描述文本，如不希望图像包含的内容或可能出现的某些缺陷等。遗憾的是，Stable Diffusion 目前尚不支持中文提示词，所以这两个文本框中都只能输入英文单词、短语和句子，而且最多只能输入 75 个单词、数字或符号，标点符号最好使用半角，会被算作一个字符，空格则不会被计算在内。

在正向提示词框中输入“1fairy”，点击“生成”按钮，Stable Diffusion 会随机生成一张精灵图像，多次点击“生成”按钮便会得到各种不同效果的精灵图像。由于 Stable Diffusion 使用了特定的模型，所以图像在风格上会比较统一。

将正向提示词修改为“1fairy，short hair，blonde hair，light blue eyes，cat ears，light smile，white cape，feathered wings，forest”，在原本的基础上增加对精灵外貌、表情、服饰和所处环境的描述，点击“生成”按钮，Stable Diffusion 便会参考这些提示词赋予精灵相应的特征。

上图的效果符合正向提示词的要求。接下来使用反向提示词避免一些内容出现在图像中，在反向提示词框中输入“white clothes，upper body”，表示不希望出现白色的服装和仅呈现上半身，点击“生成”按钮，生成的图像便会尽量避免这些内容。

接着使用反向提示词对环境进行调整，看能否奏效。保留正向提示词，在反向提示词框中增加“sunlight，green plants”，点击“生成”按钮，生成的图像便会呈现缺乏光照的夜间场景。

至此，大家应该已经了解了文生图的基本含义，但也有人会发问：可以不输入提示词吗？不输入提示词的话 Stable Diffusion 能生成图像吗？答案是肯定的。即便不输入提示词，直接点击“生成”按钮，Stable Diffusion 也是可以生成图像的，该图像的内容由 Stable Diffusion 随机决定，可能效果尚可，也可能杂乱无章，还可能怪诞荒谬。风格则由选择的模型决定：如果是专门针对某个主题训练的模型，则生成的图像基本符合该主题；如果是 SDXL1.0 模型这种涵盖丰富内容的大模型，生成图像的主题则可能千变万化，如场景、动物、人物等。

2.2 文生图的参数讲解

为了使生成的图像更接近使用者理想中的样子，对参数的设置必不可少。文生图界面中提示词框下方有多个参数可供调整，下面一一进行讲解。

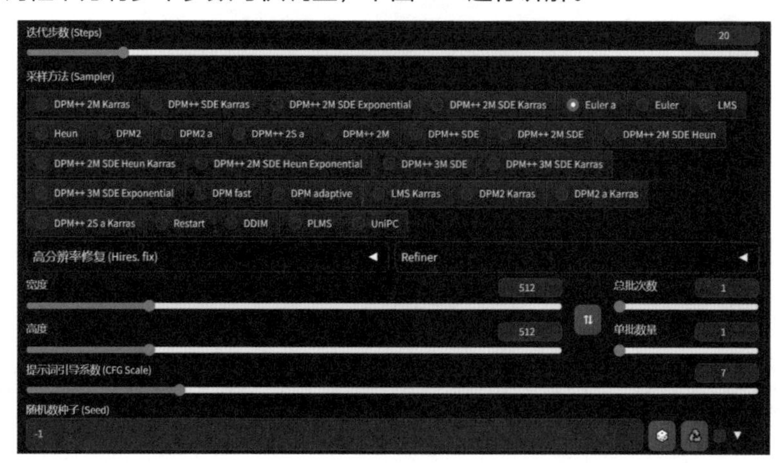

迭代步数

迭代步数是指 Stable Diffusion 对提示词的计算次数，可设置范围是 1～150。虽然计算次数越多，出图效果越好，但是根据官方说明和大量实践验证，该数值一般设置在 20～40 即可，因为 Stable Diffusion 计算 20 次通常就能够生成比较符合要求的图像。若计算 20 次以下，出图效果会差一些，尤其是低于 10 次时，图像内容会与预期相差甚远；而计算 40 次以上，不仅改善效果十分有限，还会浪费过多的生成时间，增加计算机的负荷，得不偿失。

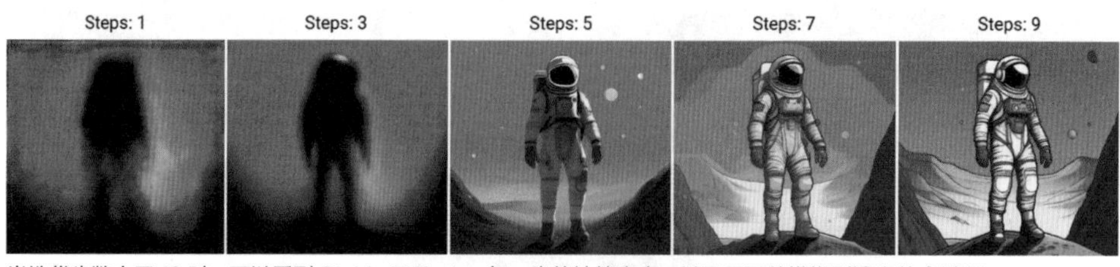

当迭代步数小于 10 时，可以看到 Stable Diffusion 每一步的计算内容，以及画面从模糊到清晰的全过程。

迭代步数大于等于 10 且小于 40 时，画面的整体完善度会越来越高，主体和周围的细节都在不断丰富。

当迭代步数大于等于 40 时，画面内容的丰富程度基本不变，即便画面中的部分元素发生改变，画面整体的层次感也将保持一致。

采样方法

采样方法是 Stable Diffusion 对提示词所采用的不同算法，不同的采样方法会使图像产生风格、细节、色调上的不同变化。Stable Diffusion 列出了 30 种采样方法，大致可以分为 5 类。

第一类是采用经典 ODE 求解器的采样方法，包括 Euler、LMS、Heun、LMS Karras 四种。其中 Euler 是最为简单、出图较快的一种采样方法；LMS 是 Euler 的衍生版本，算法基本一致，只是为了得到更准确的效果而增加了取前几步平均值的步骤；Heun 与 Euler 的采样方法相同，但采用了略慢一些的计算速度，从而使每一步都能得到更加准确的计算结果，在迭代步数较低时也能取得稳定的出图效果；LMS Karras 则是 LMS 的改进版本，采用了创新技术来提高出图效率。

第二类是采用祖先采样器的采样方法，也就是名称中带有 a 的所有采样方法，包括 Euler a、DPM2 a、DPM++2S a、DPM2 a Karras、DPM++2S a Karras 这五种，这类采样方法会在每个采样步骤中向图片添加噪声，因此每次采样结果都会具有一定的随机性，不同的迭代步数可能会生成不同的图片效果。

第三类是 DPM 采样器，即名称中带有 DPM 但不带有 a 的采样方法，包括 DPM2、DPM fast、DPM adaptive、DPM2 Karras、DPM++2M Karras、DPM++SDE Karras、DPM++2M SDE Exponential、DPM++2M SDE Karras、DPM++2M、DPM++SDE、DPM++2M SDE、DPM++2M SDE Heun、DPM++2M SDE Heun Karras、DPM++2M SDE Heun Exponential、DPM++3M SDE、DPM++3M SDE Karras、DPM++3M SDE Exponential 这十七种。它们采用自适应调整步长，在迭代步数较少时可能无法生成有意义的图片，整体出图速度也较慢，但在适当增加迭代步数的情况下能够获得更好的结果。其中带有双加号的 DPM++ 采样方法是对 DPM 采样方法的改进，虽说出图效果更好，但速度也会有所下降。

第四类是最早版本的 Stable Diffusion 使用的采样器，包括 DDIM 和 PLMS 两种，PLMS 的出图速度要比 DDIM 略快一些。

第五类是 UniPC 和 Restart 采样方法，两者都是在较新版本中推出的采样方法。其中 UniPC 采用统一预测矫正器，计算速度很快，但不同步数之间图像内容变化会比较大，推荐在平面、卡通图像中使用；Restart 每一步的计算速度较 UniPC 略慢一些，但生成完整且稳定的图像所需要的步数会比 UniPC 更少一些。

除了这里列举的采样方法，我们还可以通过扩展插件等方式增加更多的采样方法，需要大家自己去探索尝试。另外需要注意的是，有时候使用一些外部插件时，它们会指定相应的迭代步数和采样方法，此时就要按照要求进行设置，否则很可能得不到想要的效果。

DPM++ 2M Karras

DPM++ SDE Karras

DPM++ 2M SDE Exponential

DPM++ 2M SDE Karras

Euler a

Euler

LMS

Heun

DPM2

DPM2 a

DPM++ 2S a

DPM++ 2M

DPM++ SDE

DPM++ 2M SDE

DPM++ 2M SDE Heun

DPM++ 2M SDE Heun Karras

DPM++ 2M SDE Heun Exponential

DPM++ 3M SDE

DPM++ 3M SDE Karras

DPM++ 3M SDE Exponential

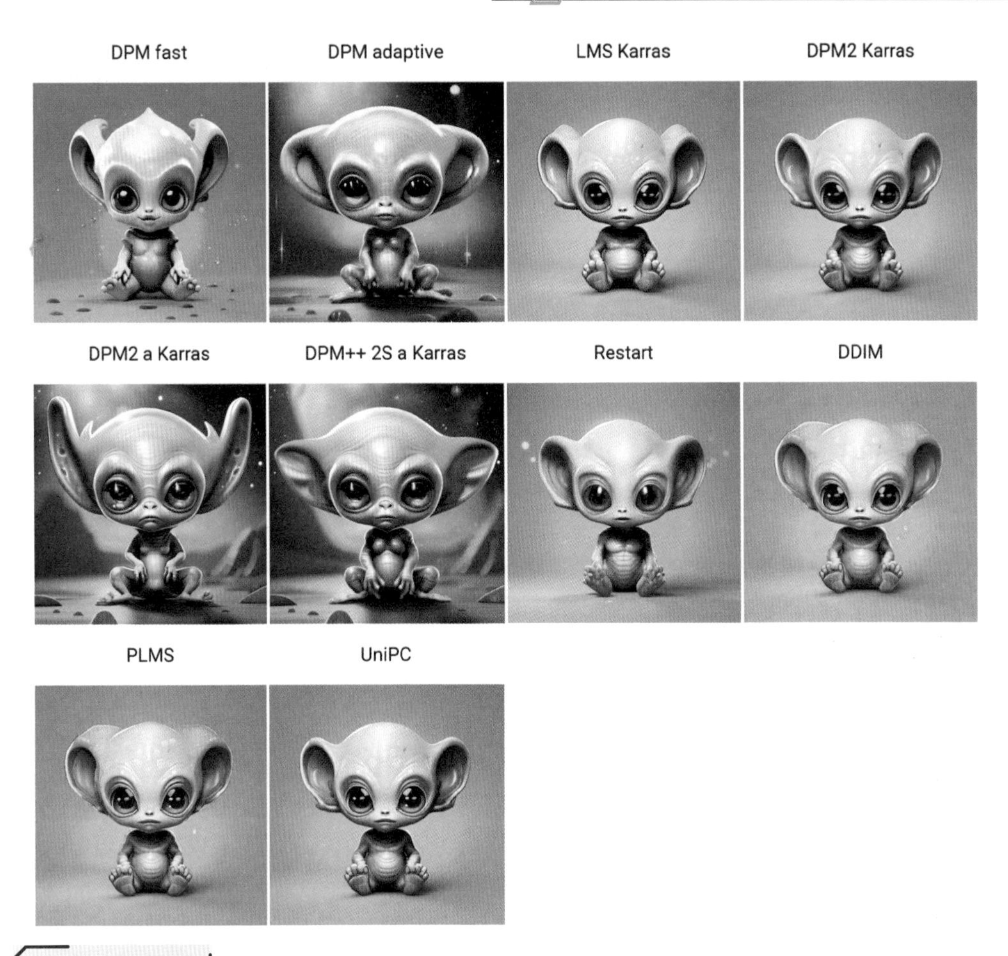

高分辨率修复

高分辨率修复用于对图像进行放大，从而得到分辨率更高的高清大图。虽然 SDXL1.0 模型已经可以自如地生成 1024 像素 × 1024 像素的图像，但如果使用更高的分辨率来生成图像，还是会给计算机硬件带来沉重负担，而且大概率会生成不太理想的混乱画面。因此先生成一张分辨率合适的图像，再使用高分辨率修复来对图像进行放大会有更好的效果。除此之外，使用后期处理也可以放大图像，这两个功能后面会讲到。

单击“高分辨率修复”后，就会看到以下选项。

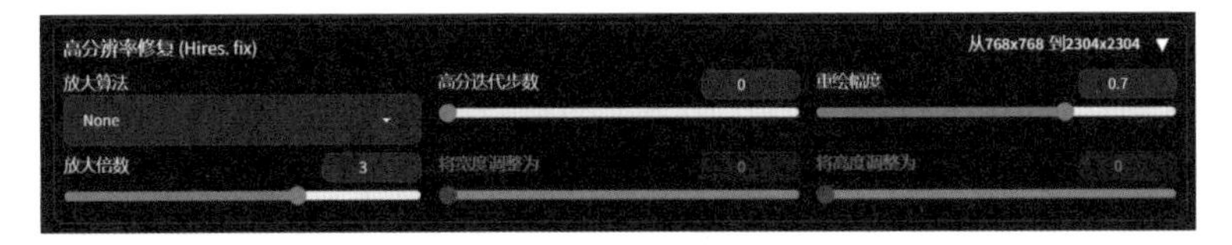

放大算法：指在放大图像时所使用的算法，不同算法对应不同的放大效果。Latent 是潜变量算法，适用于放大大部分的图像，使用范围最为广泛，下面 5 种则在其基础上对不同方面进行了调整：Latent（antialiased）是潜变量抗锯齿算法，Latent （bicubic）是潜变量双三次插值算法，Latent（bicubic antialiased）是潜变量双三次插值且抗锯齿算法，Latent（nearest）是潜变量近邻插值算法，Latent（nearest-exact）是潜变量近邻插值精确算法。它们在使用时得到的效果会有微小差别，但对整体的影响不大。

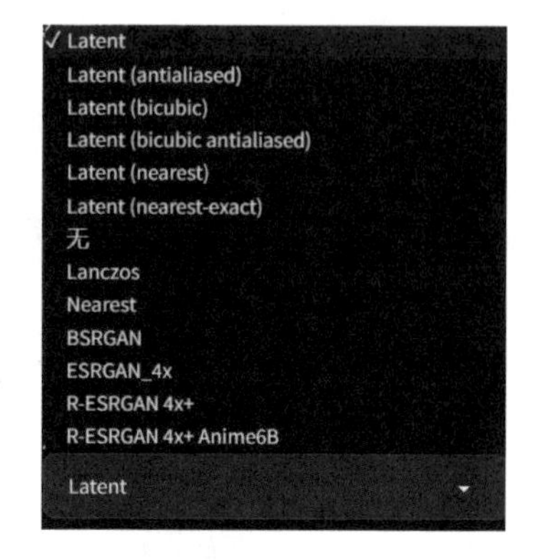

无是指在不使用任何算法的情况下进行放大，该项最为遵从原图内容，不会给 AI 绘画软件太多发挥的余地。

Lanczos 和 Nearest 是纯数学意义上的传统算法，类似于直接拉伸，会最大限度地保留原图的内容，但生成的图像由于缺失很多像素，所以会变得模糊，甚至会出现锯齿状边缘。

下方 4 种算法则会在 Lanczos 和 Nearest 的基础上对放大后的图像进行像素补充。从对比来看，使用 BSRGAN 生成的图像色彩变化较为丰富和有层次感；使用 ESRGAN_4x 生成的图像纹理感和真实感最强；使用 R-ESRGAN 4x+ 生成的图像色彩过渡较为平滑，同时也兼顾了细节的丰富度；使用 R-ESRGAN 4x+ Anime6B 生成的图像则色彩对比度较为强烈。

在实际操作中，使用 ESRGAN_4x 和 R-ESRGAN 4x+ 生成的图像更加符合写实类图像；而 R-ESRGAN 4x+ Anime6B 是基于 60 亿个动漫参数训练而成的，理论上更适用于处理动漫风格的图像；BSRGAN 则适用于处理色彩丰富的图像。

高分迭代步数：指在对图像进行放大时所使用的计算步数，范围为 0 ～ 150，通常使用默认的数值 0，表示与迭代步数保持一致，对原图进行放大，不需要额外增加计算步数。

重绘幅度：指对图像进行放大时调整画面内容的幅度，数值越大，放大后的图像与原图的差异也就越大，数值范围为 0.01 ～ 1，最小值为 0.01。由于放大图像时需要对原图进行很多细节部分的像素补充，数值太小，过于追求与原图保持一致反而会使补充的像素受限，从而导致画面不协调；数值过大又会使放大后的图像偏离原图的效果，甚至变得和原图毫无关系，所以通常将重绘幅度设为 0.4 ～ 0.7。

放大倍数：指将原图放大的倍数，范围为 1 ～ 4，数值为 1 即不放大，数值为 2 即放大 2 倍，以此类推，允许小数存在，最小调整幅度为 0.05，如 1.05、1.1、1.15、1.2 等。

将宽度调整为和将高度调整为：用于设定调整后的图像分辨率。当使用放大倍数调整图像分辨率时，这两个选项是灰色的，表示不可用；当使用这两个选项调整图像分辨率时，则放大倍数选项是灰色的，表示不可用。当只使用其中一个选项时，默认两者为相同数值，比如只将宽度调整为 400 像素，则会将图像分辨率调整至 400 像素 ×400 像素；如果只将高度调整为 800 像素，则会将图像分辨率调整至 800 像素 ×800 像素。

下页展示了在其他设置均相同的情况下，分别使用不同的放大算法将原图放大 3 倍后得到的图像。可以看到放大后的图像会增加不同的细节，但在构图、内容、色彩等方面还是保持着一致。由于放大图像必须在计算机上查看原图方能找出细节部分的差异，加上本书篇幅有限，这里只能从整体上观察一二。

Hires upscaler: Latent

Hires upscaler: Latent (antialiased)

Hires upscaler: Latent (bicubic)

Hires upscaler: Latent (bicubic antialiased)

Hires upscaler: Latent (nearest)

Hires upscaler: Latent (nearest-exact)

Hires upscaler: Lanczos

Hires upscaler: Nearest

Hires upscaler: BSRGAN

Hires upscaler: ESRGAN_4x

Hires upscaler: R-ESRGAN 4x+

Hires upscaler: R-ESRGAN 4x+ Anime6B

Refiner

Refiner 用于在 Stable Diffusion 模型的基础上再叠加一个模型，对图像进行二次处理。之前的版本没有这一选项，因此只能使用一个模型对图像进行处理，得到的图像风格也会与该模型保持一致。现在有了这一选项，意味着使用者可以将两个模型组合成一条流水线同时进行操作，叠加的模型可以选择计算机中已经安装的任何模型。切换时机的数值范围为 0.01 ～ 1，默认值为 0.8，使用默认值表示使用 Stable Diffusion 模型生成图像到 80% 后，换成使用 Refiner 选择的模型来完成剩余的 20%，这样就可以使用两个不同风格的模型来塑造图像，使其兼具两者的特点。

虽然从理论上来说，可以将任意两个模型进行组合使用，但并不是所有模型的组合都会产生“1+1>2”的效果，甚至有些模型的组合可能会由于彼此之间的风格差异产生不伦不类的结果。另外，选择不同的切换时机也会得到令人意想不到的画面，所以大家需要通过不断尝试来找到最佳模型组合。

此处的 Stable Diffusion 模型为 SDXL Base 1.0。由对比图可知，切换时机越早，出图风格越偏向于 Refiner 所选模型；切换时机越晚，出图风格越偏向于 Stable Diffusion 模型。另外，实践证明，当 Stable Diffusion 模型为 SDXL 模型时，Refiner 所选模型必须是与该版本相适应的模型，即以 SDXL 模型为底模训练的其他模型，否则出图效果会非常糟糕。

宽度和高度

宽度和高度用于设置出图时的分辨率，范围均为 64 ～ 2048 像素，默认值是 512 像素 ×512 像素。由于 Stable Diffusion 中几乎所有的模型都是基于官方模型训练得来的，在官方模型的 SDXL1.0 版本中，训练所使用的图像分辨率增加到了 1024 像素 ×1024 像素，所以出图时的分辨率最好以此为参考，不要超出太多。

另外，对于宽度和高度的设置，控制范围更重要，宽高比对出图效果的影响并不大，而且一些特定的模型会显示推荐使用的分辨率，那么最好依照模型的建议来设置，这样效果会更好。宽度和高度的数值框后面有一个上下交换按钮，点击该按钮，可以对调宽度和高度的数值。

512 像素 ×512 像素

768 像素 ×768 像素

1024 像素 ×1024 像素

在 SDXL 1.0 模型中，低分辨率的图像会显得质量较差、边缘锐利，介于 768 像素 ×768 像素和 1024 像素 ×1024 像素之间的分辨率是最佳选择。

768 像素 ×1024 像素

1024 像素 ×768 像素

在适当的分辨率范围内，宽高比不会成为影响出图效果的重要因素。

总批次数和单批数量

总批次数用于设置出图的次数，范围为 1 ～ 100，默认值为 1；而单批数量用于设置每次出图的数量，范围为 1 ～ 8，默认值也为 1。如果将总批次数设置为 5，单批数量设置为 3，点击“生成”按钮，可以看到每次出 3 张图，按顺序出 5 次图，总共得到 15 张图，即生成的图片数量等于总批次数乘以单批数量。由于单批数量越多，需要的显存也就越大，所以最好将单批数量设置为 1，以免显卡崩溃，同时通过增加总批次数来得到多张图片。

提示词引导系数

提示词引导系数是指图片与提示词的关联程度，范围为 1 ～ 30，最小调整幅度为 0.5，默认值为 7，数值越大，出图效果越贴合提示词；数值越小，图片中的随机元素就越多，出图效果也就越偏离提示词。通常来说，该数值为 5 ～ 15 时，提示词和创意之间比较容易达到平衡。但对于最终效果的要求因人而异，所以如何调整数值还需要使用者自行衡量。

CFG Scale: 1.0

CFG Scale: 5.0

CFG Scale: 15.0

CFG Scale: 25.0

提示词引导系数过小，画面模糊；提示词引导系数过大，画面扁平锐化。

随机数种子

AI 绘画就是对原噪声图进行不断迭代，使其接近提示词，而随机数种子就相当于噪声图的参数。随机数种子数值框后面有 3 个按钮，骰子按钮被点击后，种子会变成 −1，表示每次出图都会分配一个随机数种子，这也是在其他参数不变的情况下，AI 绘画软件每次都能生成新图像的原因。

3 张图的随机数种子分别为：1366122429、2980697826、2354257248。

点击“循环”按钮后，当前生成图像的随机数种子数值会被填入数值框中。在得到一张你认为不错的图像后，如果你想得到更多相似图像，就可以点击该按钮。一般来说，如果使用相同的随机数种子数值，且其他参数都保持不变，AI 绘画软件就能再次生成几乎一致的图像；如果改变了其他参数，则 AI 绘画软件会保持图像的基本形态，只修改该参数对应的内容。

随机数种子为 1366122429 保持不变，使用不同采样方法，画面保持类似的构图和人物姿态。

第三个参数被勾选后，界面中会出现更多选项，这些选项会与上方的随机数种子共同起作用，即变异随机数种子和随机数种子会按照变异强度进行融合。变异随机数种子数值框后面的两个按钮分别是“骰子”按钮和“循环”按钮，被点击后，其作用与上文中同名称的按钮相同。

变异强度表示两个数值对出图效果的影响比例，范围为 0 ～ 1，最小调整幅度为 0.01。数值为 0 时，按照随机数种子来生成图像；数值为 1 时，按照变异随机数种子来生成图像；数值为 0.5 时，两者会平均地作用于图像。大家可以根据需要的效果调整两个数值对出图效果的影响比例。

随机数种子：2980697826　　变异随机数种子：2354257248

2.3 提示词进阶指南

书写提示词是向 AI 绘画软件传达意图最直接的方法，提示词也是影响画面内容最重要的因素，因此如何更好地书写提示词，让 Stable Diffusion 能够更准确地理解我们的意思，成为我们在学习 AI 绘画过程中的必备一课。

正向提示词之品控

品控即对画面品质的把控。有时，我们虽然能够准确地描述出想要得到的画面的所有内容，但出图效果却往往不尽如人意，比如可能会出现场景模糊、颜色发灰、细节缺失、光线黯淡等一系列问题，明明都是 AI 绘画软件出图，怎么别人得到的图像就十分精致华美呢？这是品控不够好的原因。

虽然 SDXL1.0 模型内置了一些对于品控的要求，出图效果也远比之前的模型更好，但经过验证对比，加入正向品控词相当于上第二道保险，能更好地确保出图效果。

未使用正向品控词

使用正向品控词 1

使用正向品控词 2

常见的正向品控词

提示词	词意	提示词	词意
masterpiece	杰作	best quality	高质量
highres	高分辨率	absurdres	超高分辨率
incredibly absurdres	极高分辨率	huge filesize	超大文件
highly detailed	高细节	ultra detailed	超细节
extremely detailed	极高细节	wallpaper	壁纸
perfect lighting	完美光照	colorful	色彩丰富
drawing	绘画艺术	paintbrush	笔刷

常见提示词之内容

内容作为提示词的核心，涵盖了使用者想要表现的全部画面元素。虽然可以使用翻译软件等将中文翻译为英文，然后将英文复制到提示词框中，但由于文化差异和部分词语的惯常用法，直接翻译可能会导致实际表达的内容与使用者的初衷大相径庭，同时也为了节省时间，掌握一些常用的内容提示词是非常必要的。

常见的人物类型词

提示词	词意	提示词	词意
male/female	男性 / 女性	boy/girl	男孩 / 女孩
toddler	幼儿	underage	少年
teenage	青年	loli	“萝莉”
shota	“正太”	bishoujo	美少女
chibi	Q 版人物	maid	女仆
witch	巫婆	miko	巫女
nun	修女	priest	牧师
ninja	忍者	kitsune	狐妖
cat_girl	猫女	mecha	机甲人
cyborg	半机械人	devil	魔鬼
elf	妖精	vampire	吸血鬼

常见的人物发型词

提示词	词意	提示词	词意
long_hair	长发	short_hair	短发
medium_hair	中长发	bald	秃头
straight_hair	直发	curly_hair	卷发
waves roll	波浪发	drill hair	双钻头
bob cut	波波头	blunt bangs	齐刘海
ponytail	单马尾	twintails	双马尾
twin_braids	双辫发	double_bun	双丸子头
spiked hair	刺头	afro	爆炸头
slicked-back	大背头	streaked_hair	挑染的头发
ruffling_hair	蓬松的头发	messy_hair	凌乱的头发

常见的人物服饰词

提示词	词意	提示词	词意
casual	休闲装	loungewear	家居服
pajamas	长袖长裤睡衣	nightgown	女士睡裙
bathrobe	浴袍	sportswear	运动服
swimsuit	泳装	bikini	比基尼
hanfu	汉服	japanese_clothes	和服
robe	长袍	armor	盔甲
cloak	斗篷	suit	西装
evening_gown	晚礼服	cheongsam	旗袍
school_uniform	校服	wedding_dress	婚纱
gothic	哥特式服装	arabian_clothes	阿拉伯服装
lolita	洛丽塔服装	space_suit	航天服
santa	圣诞服装	animal_costume	动物服装
harem_outfit	舞娘服装	baseball_uniform	棒球服

常见的人物表情词

提示词	词意	提示词	词意
smile	微笑	laughing	大笑
evil smile	邪恶地笑	grin	露齿笑
smirk	得意地笑	giggling	咯咯笑
sleepy	困乏	sad	伤心
crying	哭泣	happy_tears	开心地哭
tsundere	傲娇	scared	害怕
frustrated	沮丧	gloom	忧郁
disappointed	失望	despair	绝望
contempt	蔑视	furrowed_brow	眉头紧锁
angry	生气	serious	严肃
screaming	尖叫	shy	害羞
flustered	慌张	expressionless	面无表情
confused	困惑	nervous	紧张

常见的人物动作词

提示词	词意	提示词	词意
standing	站立	sitting	坐
on stomach	趴	on back	躺
on_side	侧躺	kneeling	跪
hands_up	举起双手	hand_in_pocket	手插口袋
waving	招手	hands_on_hips	叉腰
skirt_hold	提裙子	squatting	蹲下
leaning_back	身体向后靠	head_rest	用手托头
crossed_legs	跷二郎腿	chasing	追逐
spinning	旋转	flying_kick	飞踢
dancing	跳舞	bubble_blowing	吹泡泡
salute	敬礼	cuddling	拥抱
fighting	战斗	holding	拿着
reading	读书	dragging	拖拽

常见的环境词

提示词	词意	提示词	词意
seaside	海边	grove	树林
forest	森林	castle	城堡
indoor	室内	day	白天
night	夜晚	dusk	黄昏
rain days	雨天	cloudy	多云
full moon	满月	sun	太阳
sunset	落日	in spring	春季
in summer	夏季	in autumn	秋季
in winter	冬季	on a hill	山上
in a meadow	草地上	on a desert	沙漠中
on the beach	沙滩上	underwater	水下
flower field	花田	explosion	爆炸
cyberpunk city	赛博朋克城市	amusement park	游乐园

常见提示词之风格

画面风格可以理解为画面呈现出的具有代表性的效果。在 AI 绘画中，风格通常由使用者的喜好或使用要求而定，常见的风格包括漫画风、动画风、写实风、奇幻风、油画风、水彩风、素描风等，还有一些比较小众但也会使画面呈现出意想不到的效果的风格，如复古风、平涂风、线条风、折纸风等。使用风格提示词能快速控制出图效果。

常见的风格提示词

提示词	词意	提示词	词意
comic book	漫画	pixel art	像素艺术
anime	动画	monochrome	单色
realistic	写实	marker	马克笔
fantasy	奇幻	graphite	铅笔 / 炭笔
oil painting	油画	colored pencil	彩铅
watercolor	水彩	surreal	超现实
sketch	素描	abstract	抽象
retro artstyle	复古	faux figurine	仿手办
flat color	平涂	acrylic paint	丙烯颜料
line art	线条	calligraphy brush	书法毛笔
origami	折纸	ink	墨水
fine art parody	名画模仿	tempera	蛋彩画
traditional media	手绘	illustrator	插画
photographic	摄影	chalk	粉笔
digital art	数字艺术	color trace	原画
analog film	模拟电影	crayon	蜡笔
neon punk	霓虹朋克	lego	乐高
silhouette	剪影	ukiyo-e	浮世绘
low poly	低多边形	minimalism	极简主义
craft clay	黏土工艺	art nouveau	新艺术
cinematic	电影效果	art deco	装饰艺术
3D model	3D 模型	impressionism	印象派

动画　写实　奇幻

油画　水彩　平涂

像素艺术　黏土工艺　单色

乐高　浮世绘　印象派

常见提示词之视角

视角在 AI 绘画中是指画面内容的呈现方式，类似于使用相机拍摄时通过镜头看到的场景。画面内容以人物或动物为主时，一般会以正面视角呈现，也可以通过添加侧面、背面等提示词来进行调整；画面内容以静物或场景为主时，则可以通过广角、特写、全景等视角来呈现。

正面视角

侧面视角

背面视角

俯视视角

鱼眼镜头

特写镜头

常见的视角提示词

提示词	词意	提示词	词意
from side	侧面视角	perspective	透视
from behind	背面视角	vanishing point	远景透视
from above	俯视视角	panorama	全景镜头
from below	仰视视角	from outside	从室外看向室内
close-up	特写镜头	cowboy shot	七分身镜头
wide shot	广角镜头	dutch angle	倾斜镜头
fisheye	鱼眼镜头	three sided view	三视图

反向提示词

反向提示词是对不希望画面中出现的内容的描述，用于降低人 / 物基本结构出现错误的概率，避免出现虚影、多余的文字、水印等元素。虽然 SDXL 1.0 模型自带修正这些错误的功能，但为了保证画面的质量，我们仍需要了解和掌握反向提示词的含义和用法。

未使用反向提示词而出现的各种错误

常见的反向提示词

提示词	词意	提示词	词意
lowres	低分辨率	long neck	长脖子
bad anatomy	错误的身体结构	humpbacked	驼背
bad hands	错误的手	worst quality	最差质量
missing fingers	缺少手指	low quality	低质量
extra digits	多余的手指	normal quality	普通质量
fewer digits	少量的手指	blurry	模糊
bad feet	错误的脚	artifacts	虚影
extra arms	多余的手臂	text	文字
extra legs	多余的腿	watermark	水印
missing arms	缺少手臂	signature	署名
missing legs	缺少腿	nsfw	不适宜的内容

提示词书写规则

依据官方已经说明的或众多使用者根据经验总结出来的规则来书写提示词，能够节省不断调整提示词的时间，从而更快地得到想要的图像。这些规则可归纳总结为以下几点。

（一）提示词目前仅支持英语，词汇数量限制在 75 个以内，一个单词、符号或数字被视为一个词汇。提示词可以是单词、词组、短语和长句，它们之间要使用半角逗号隔开，逗号前后有无空格均可，但词组、短语和长句中的单词之间要使用空格隔开，缺少空格会影响意思的表达。所有的单词、符号和数字均会被计入词汇数量，空格和换行则不会被计入。

（二）在提示词中越靠前的词汇，越会被 Stable Diffusion 优先考虑，因此要将关键词安排在靠前的位置，而且词的数量越多，单个词所发挥的作用越小，所以词的数量并非越多越好，还是要以关键词为重点来书写提示词。另外，在书写提示词时，最好将同类词汇放在一起，不同类的词汇之间可以通过换行来分隔，比如描写人物的词汇占一行，描写环境的词汇占一行，用于品控的词汇占一行，这样不仅主次分明、条理清晰，也便于后续修改和调整。

（三）对于 Stable Diffusion 如何理解文本，我们不需要过多深入研究，但稍加了解有助于我们更好地写出易于让 Stable Diffusion 理解的提示词。Stable Diffusion 使用的是 CLIP 语言模型，该语言模型在解析文本前会将所有词汇中的字母转变成小写形式，并将多余的空格丢弃。不论是日常表达时所用的自然语言，也就是较长的语句，还是标记语言，也就是单词、词组、短语的组合，CLIP 语言模型都能很好地解析，同时它还能理解 emoji、颜文字和 Unicode 字符的含义。

（四）在书写提示词时难免出现拼写错误，得益于 CLIP 语言模型强大的训练库，大部分错误会被解析为可识别的词汇，但也有些错误无法被解析，例如 bankk 会被解析为 bank，但 bonk 就不会被解析为 bank。另外，常用词常被解析为单个含义，这也是使用了具有某个含义的词，但它却没有在图像中表现出来的原因——在 CLIP 中该词是以另一个含义存在的，所以需要了解一些常用词在 Stable Diffusion 中的英文形式，避免这种错误。而对于罕见词，CLIP 语言模型在训练过程很少接触，因而容易将其理解为其他写法与之类似的词。

（五）复制其他人的提示词时要注意其中是否有调用其他模型或扩展插件的内容，如果存在这些内容，只单纯复制提示词，没有置入相应的模型或扩展插件，就无法成功调用提示词，也就无法得到想要的结果，这部分内容在第 5 章中会详细讲解。

提示词语法

与提示词书写规则不同，提示词语法主要针对书写提示词的过程中所用到的一些可以改变提示词权重、内容和算法的符号或词汇，它们能够帮助大家更好地分配提示词，取得更理想的效果。提示词语法可归纳总结为以下几点。

（一）改变权重。使用（ ）将提示词的权重增加到 1.1 倍，使用 [ ] 将提示词的权重降低到 90%，叠加使用表示数值相乘，例如（提示词）表示将提示词的权重增加到 1.1

倍，（（提示词））表示将提示词的权重增加到 1.21 倍，（（（提示词）））表示将提示词的权重增加到 1.331 倍；[提示词] 表示将提示词的权重降低到 90%，[[提示词]] 表示将提示词的权重降低到 81%，[[[提示词]]] 表示将提示词的权重降低到 73%。还有一种更为常用也更为简便的方法，即使用（提示词：权重数值）直接改变相应权重，权重数值范围为 0.1 ～ 100，默认值为 1，大于 1 为增加权重，小于 1 为降低权重，例如（提示词：2）表示将提示词的权重增加到 2 倍，（提示词：0.5）表示将提示词的权重降低到 50%。

（二）分步绘制。使用 [提示词 1：提示词 2：分步数值] 控制前后步数分别使用不同提示词的内容，分步数值范围为 0 ～ 1。例如当前迭代步数为 40，[提示词 1：提示词 2：0.5] 就表示前 20 步使用提示词 1 的内容，后 20 步使用提示词 2 的内容；[提示词 1：提示词 2：0.8] 则表示前 32 步使用提示词 1 的内容，后 8 步使用提示词 2 的内容。

（三）交替混合。使用 [提示词 1| 提示词 2| 提示词 3] 来混合生成表现多个提示词的画面，Stable Diffusion 在计算时会按顺序循环使用这些提示词，比如第 1 步使用提示词 1，第 2 步使用提示词 2，第 3 步使用提示词 3，第 4 步使用提示词 1，第 5 步使用提示词 2，第 6 步使用提示词 3……以此类推。虽然官方并未规定或限制可交替混合的提示词数量，但根据经验，Stable Diffusion 更偏向于使用前面的提示词，越靠后的提示词表现在结果中的概率越小。

（四）组合算法。使用关键词 AND 组合多个提示词的内容，注意必须使用大写形式，如此才能与提示词中代表“和”的小写 and 相区别。例如，使用“1rabbit，1bear”和“1rabbit and 1bear”大概率会分别生成一只兔子和一只熊，而使用“1rabbit AND 1bear”则会生成同时具有兔子和熊的特征的一种动物。

（五）断开联系。使用关键词 BREAK 断开不同内容之间的联系，注意必须使用大写形式。在提示词的不同内容，如描述人物头发颜色和服饰颜色的两种特征之间加入关键词 BREAK，Stable Diffusion 会分别理解这些内容，而不会产生混淆。

（六）Stable Diffusion 对于 emoji 和欧美环境下的颜文字的识别度很高，而且这两者在提示词中所占权重也比其他自然语言更高，这是由于 emoji 和颜文字具有特定的含义且字符数短小，相比可能会出现歧义的自然语言，它们反而更容易被 AI 绘画软件识别。

分别使用含义为微笑、悲伤、生气的 emoji 作为提示词的一部分来生成图片。

第「3」章

Stable Diffusion 图生图界面

Stable Diffusion 的图生图界面主要用于对图像进行二次修改，它包含图生图、涂鸦、局部重绘、涂鸦重绘、上传重绘蒙版和批量处理 6 个功能，每个功能的侧重点和适用范围都有所不同。本章以实例介绍为主，带领大家认识每个功能。

3.1 图生图

由于图生图界面中许多功能和参数都与文生图界面中的相同，如迭代步数、采样方法、Refiner、宽度、高度、总批次数、单批数量、提示词引导系数、随机数种子等，所以这里只对不同的参数进行详细说明，另外会配以实例让大家更了解各个功能。

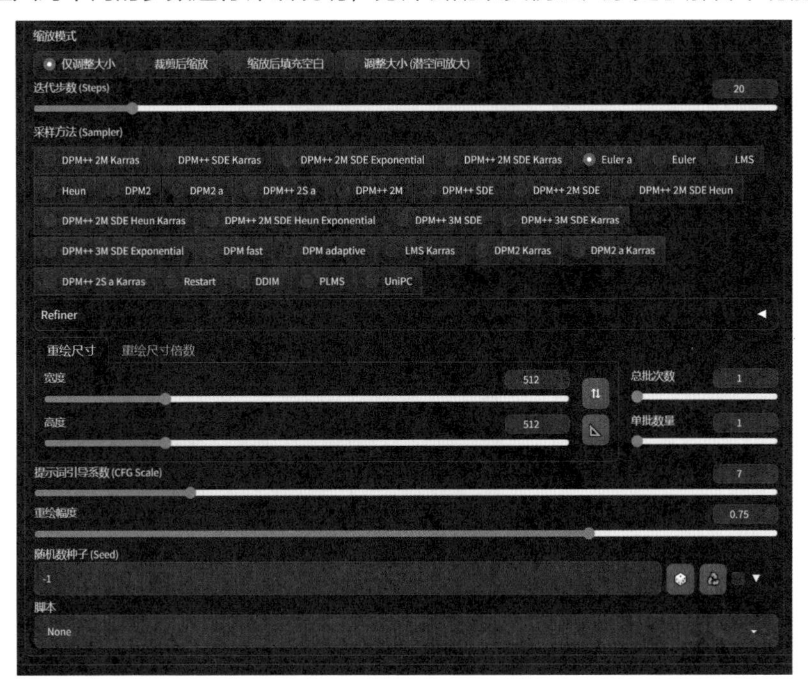

反推提示词

反推包括 CLIP 反推和 DeepBooru 反推两种方式，与之对应的两个按钮分别位于正向提示词框和反向提示词框的右侧。两者都可以根据当前上传的图像来反推出相应的提示词，对于在 Stable Diffusion 中生成的图像，可以使用 PNG 图片信息这一功能来了解它所有的信息，包括提示词、尺寸、随机数种子、迭代步数、采样方法等；但对于非 Stable Diffusion 生成的图像，我们是没有办法确切知道这些信息的。点击这两个按钮就可以让 Stable Diffusion 大致地分析出图像对应的提示词，从而方便后期进行调整、修改或使用该提示词去生成新的图像。

CLIP 反推和 DeepBooru 反推两种方式虽然作用相同，但侧重点却并不相同：前者更注重画面中元素的内在联系，倾向于生成连贯的、自然的文本描述词；而后者则由于使用了大量的二次元图像进行训练，所以专用于二次元图像的提示词反推和标签生成，能够更好地反映各种二次元的内容和元素。简而言之，前者是在用自然语言描述图像，后者则是在为二次元图像贴标签。

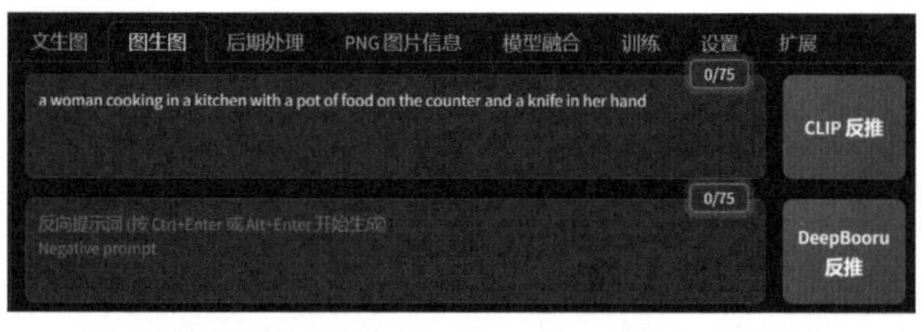

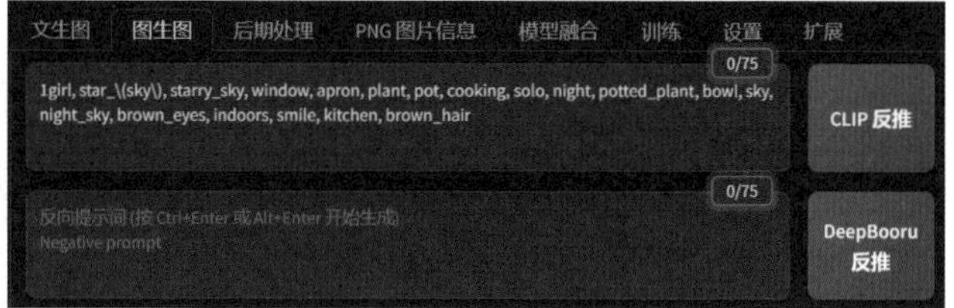

分别使用 CLIP 反推和 DeepBooru 反推分析该图像得到的提示词。

预设样式

“DeepBooru 反推”按钮右侧是预设样式选项，点击最右侧的“编辑预设样式”按钮会弹出“预设样式”对话框，可以在第一个框中填写新的预设名称或选择已经存在的预设名称，在第二个框和第三个框中分别填写或修改保存在该预设名称下的提示词和反向提示词，点击“保存”按钮后关闭对话框。之后就能在左侧的预设样式选项框的下拉菜单中选择并使用该预设。

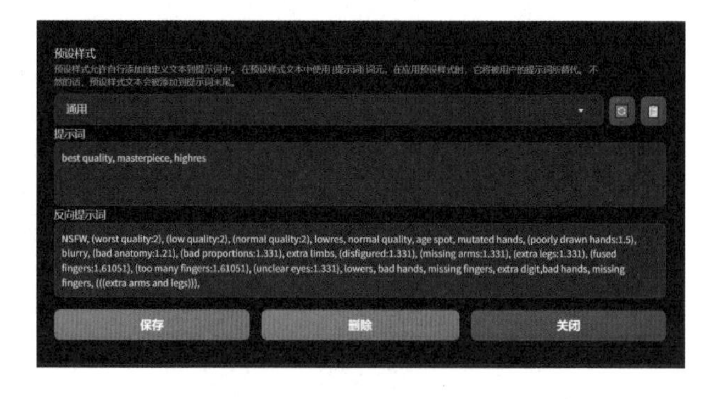

使用预设的目的在于将某些固定的提示词保存起来以便直接使用，这样就不需要每次都手动输入。此外，预设中的提示词不会被视为输入的字符，这样能让使用者输入更多提示词。预设通常用于指定风格、画面质量、尺寸、构图、色调等较为模式化的元素，而不会指定具体的画面内容，比如这里“通用”预设内容就是针对出图品控设置的，基本上适用于所有的图像。

“生成”按钮

“CLIP 反推”按钮右侧是“生成”按钮，点击该按钮可以生成新图像。在图像生成过程中，这里会变成“中止”和“跳过”两个按钮。点击“中止”按钮，Stable Diffusion 会停止生成图像，只显示目前为止已经生成的结果，尚未生成的则不显示；点击“跳过”按钮，Stable Diffusion 则会停止生成当前正在生成的图像，并开始生成下一张图像。比如先设置总批次数为 4，单批数量为 1，然后点击“生成”按钮，在生成第二

张图像时如果点击“中止”按钮，则最后图像框中只会显示已经生成的两张图像，网格图中也只有两张图像；如果点击“跳过”按钮，则最后图像框中会显示 4 张图像，第二张图像只会展现出未完成的内容。

缩放模式

缩放模式包括“仅调整大小”“裁剪后缩放”“缩放后填充空白”“调整大小（潜空间放大）”4 种，要与重绘尺寸或重绘尺寸倍数配合使用。

仅调整大小：只改变图片尺寸，无法保证原图的宽高比。在重绘幅度为 0 的情况下，如果等比例放大或缩小图片，比如原图尺寸为 1024 像素 ×1024 像素，将重绘尺寸设置为 768 像素 ×768 像素，点击“生成”按钮后会得到与原图画面一致的图片，只是尺寸发生了变化；如果不等比例缩放，比如将重绘尺寸设为 1024 像素 ×768 像素，则会直接压缩原图而不进行裁剪，无法保持画面原本的宽高比。增加重绘幅度后，会对压缩后的图片进行重绘，从而生成更适合当前尺寸的内容，降低画面被压缩后形成的失真感。

裁剪后缩放：将图片等比例缩放后，将超出尺寸范围的部分直接裁掉。在重绘幅度为 0 的情况下，设置与原图等比例的重绘尺寸基本不会对生成的图片造成影响。非等比例缩放时，会对数值占比变小的一边进行裁剪，比如原图尺寸为 1024 像素 ×1024 像素，将重绘尺寸设置为 1024 像素 ×768 像素，会把图片上下两侧裁掉一部分来使其适合设置的尺寸；将重绘尺寸设为 768 像素 ×1024 像素，则会对图片左右两侧进行裁剪来使其适合设置的尺寸。

缩放后填充空白：将图片等比例缩放后，对超出尺寸范围的部分进行填充。比如原图尺寸为 1024 像素 ×1024 像素，将重绘尺寸设置为 1024 像素 ×768 像素，会对宽度不够的部分进行内容填充；将重绘尺寸设为 768 像素 ×1024 像素，则会对超出高度的部分进行内容填充。使用该模式时，重绘幅度不宜过小，否则只会对边缘色彩进行拉伸，通常将重绘幅度设为 0.6 左右时填充内容会与原图较为匹配，但针对不同要求，具体数值还需大家自行探索。

原图

调整大小（潜空间放大）：与缩放后填充空白类似，该模式也会对非等比例缩放的画面进行填充，但不同的是，缩放后填充空白会使原图等比例缩放，该模式则是如仅调整大小一样直接压缩或拉伸图像，而后对变形的图像进行加噪重绘，因此该模式与重绘幅度的关系十分密切。重绘幅度过小，画面会呈现原始的伸缩感；重绘幅度过大，Stable Diffusion 的自我发挥又会过度，导致画面过于偏离原图，一般将重绘幅度设为 0.7 是比较合适的。

重绘尺寸和重绘尺寸倍数

重绘尺寸：与缩放模式配合使用，用于设置图像缩放后的宽度和高度。

重绘尺寸倍数：可以让使用者方便地设置等比例缩放的数值，默认值为 1，数值范围为 0.05 ～ 4。当只需要等比例缩放时，使用该选项就十分方便了。

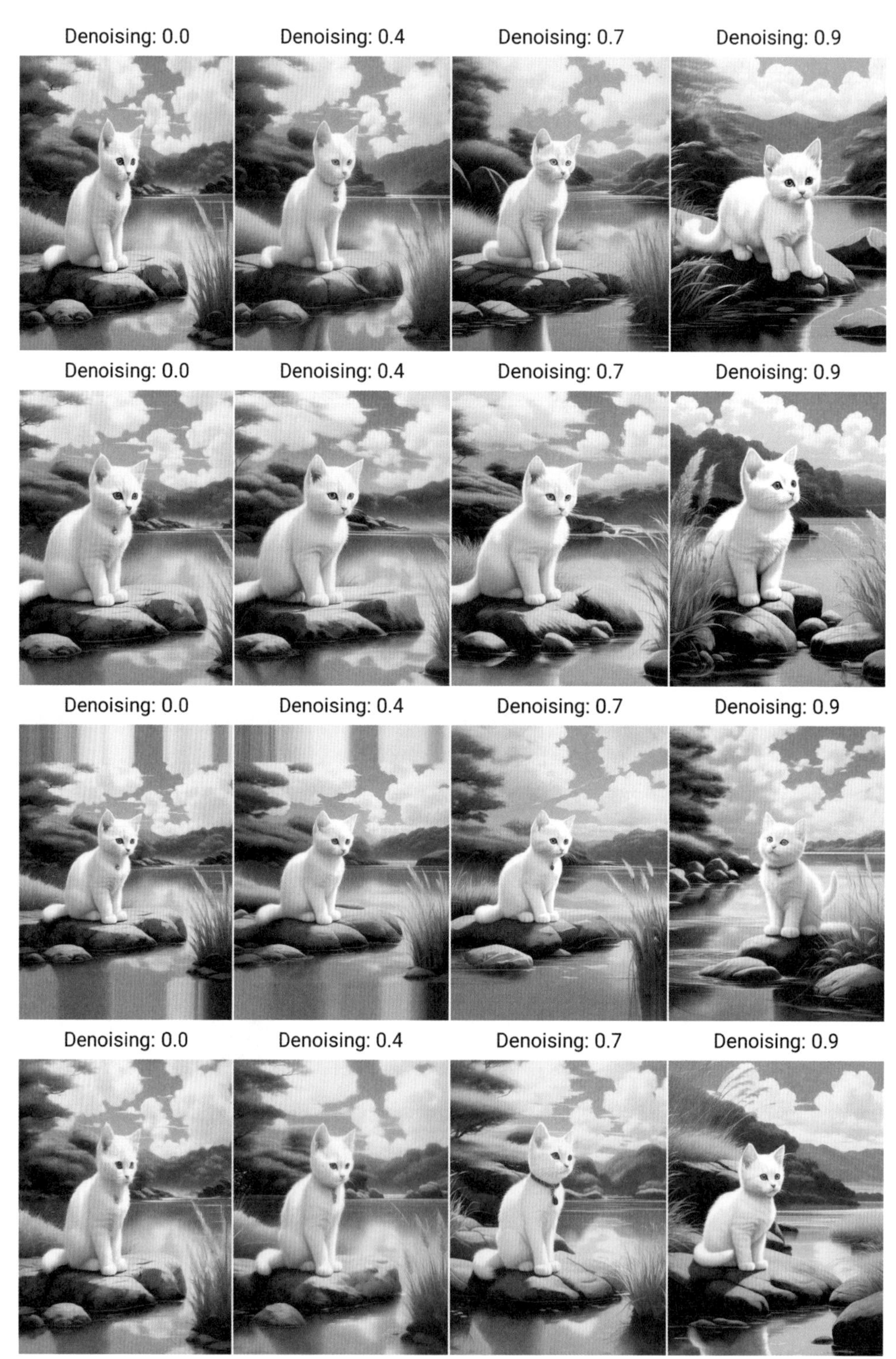

从上至下，分别是仅调整大小、裁剪后缩放、缩放后填充空白、调整大小（潜空间放大）时，设置不同重绘幅度的出图效果。

重绘幅度

这里的重绘幅度与之前讲过的高分辨率修复中的重绘幅度类似，但之前是指放大图像时对于画面的调整幅度，这里则是指根据原图生成新图时，新图与原图的差异程度。其数值范围为 0～1，最小调整幅度为 0.01。数值越高，Stable Diffusion 发挥创意的空间越大，出图效果与原图的差别也就越大；数值越低，生成的图像也就越遵循原图的内容。这就需要使用者衡量自己需要的效果是更偏向于原图还是具有更大的随机性，并通过不断调整数值的大小来达到最终目的。

前文已经展现了在仅调整画面尺寸、不调整画面内容的情况下重绘幅度所起到的作用，这里再列举另外一种情况，即需要调整画面内容时重绘幅度的作用。例如，原图的提示词为“Arabbit holds a guitar”，上传图像后，在提示词框中将“rabbit”改成“dog”。

原图

重绘幅度为 0 时，生成图与原图一模一样，不会发生任何改变。随着重绘幅度的增加，Stable Diffusion 开始依照其他参数的设置对图像进行修改。重绘幅度为 0.6 时，我们已经可以看出将“兔子”改成“小狗”的结果，同时画面中其他元素仍与原图保持着较高的一致性；继续增加重绘幅度，画面的变化会越来越大。由于这里只修改了提示词中的个别内容，所以生成图与原图还保持着其他元素的统一，如果修改后的提示词与原图的关联非常小，生成图与原图的差异就会更大。

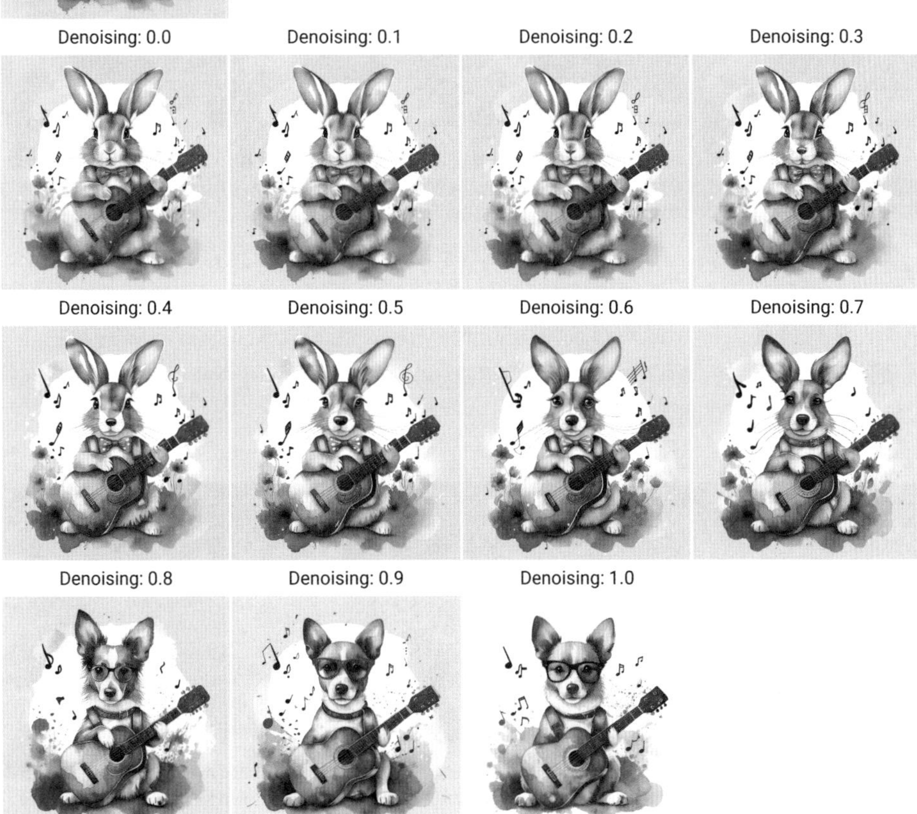

照片转漫画

大家可能已经见过或体验过许多 AI 绘画软件将照片转变成漫画效果的功能了，其实原理都是类似的：AI 绘画软件提取画面元素，并根据画面信息生成一张新的图片。而运用 Stable Diffusion 的图生图功能不仅可以实现照片转漫画，还可以综合其他参数，尤其是提示词来创造性地修改部分画面内容，从而更灵活地控制最终出图效果。

原图

首先上传一张女生照片至图生图界面的图像框中，然后在正向提示词框中输入“anime，1girl”，如果上传的是男生照片就输入“anime，1boy”，也就是要根据实际照片修改提示词中人物的数量、性别、年龄等特征，接着根据需要选择合适的重绘幅度，一般为 0.6～0.9，最后点击“生成”按钮即可。

Denoising: 0.6　Denoising: 0.7　Denoising: 0.8　Denoising: 0.9

画面从重绘幅度为 0.6 时开始逐步呈现漫画效果，到重绘幅度为 0.9 时漫画效果最强，但画面内容与原图差别较大，就该图而言，重绘幅度为 0.8 时效果最佳。

从上图中可以看到，由于提示词比较简单，转变后的图像更符合模型数据库中的内容，所以人物肤色偏白，面部特征偏日系。我们可以通过修改提示词来使人物特征更符合原图，还可以使用提示词来修改画面的部分内容，比如改变头盔或衣服的颜色、画面背景等。使用提示词“anime，a brunette girl with red pilot helmet”，强调人物肤色较深，同时将头盔的颜色改为红色，点击“生成”按钮。

Denoising: 0.6　Denoising: 0.7　Denoising: 0.8　Denoising: 0.9

肤色确定后，画面风格也与之前有所不同，更偏向于具有立体感的欧美系风格，这与关键词在模型数据库中所关联的内容有关。

漫画变真人

与照片转漫画类似，漫画变真人也是图生图功能发挥作用的领域之一，具体操作步骤和照片转漫画相同：上传图片，填写相应的提示词，选择合适的重绘幅度，点击“生成”按钮即可。重绘幅度为 0 代表生成图与原图毫无差别。

Denoising: 0.0　Denoising: 0.6　Denoising: 0.7　Denoising: 0.8

提示词：realistic, 1boy。

Denoising: 0.0　Denoising: 0.6　Denoising: 0.7　Denoising: 0.8

提示词：realistic, 1boy reading book,teddy_bear doll, dog doll, animal doll, stuffed_toy。

Denoising: 0.0　Denoising: 0.7　Denoising: 0.8　Denoising: 0.9

提示词：realistic, 1teenager。

由以上 3 组对比图可以看出，对于同一张原图，提示词较为清晰丰富时，生成图的还原度更高；当提示词同样简单时，人物周围的环境越简单，生成图与原图的相似度越高。

静物拟人化

除了人物图像风格之间的转变，图生图功能还可以将一些非人物类的静物、风景、动物图像等转变成人物图像，Stable Diffusion 会从原图中提取颜色、轮廓、构图等信息，配合提示词来生成相应图片，但由于原图与生成图之间跨度较大，所以很难预料生成效果，但这也不失为一种获取灵感、激发想象力的方式。

Denoising: 0.0　Denoising: 0.7　Denoising: 0.8　Denoising: 0.9

提示词：anime, 1girl, red and green dress。

Denoising: 0.0　Denoising: 0.7　Denoising: 0.8　Denoising: 0.9

提示词：anime, 1boy, brown and blue sportswear。

Denoising: 0.0　Denoising: 0.7　Denoising: 0.8　Denoising: 0.9

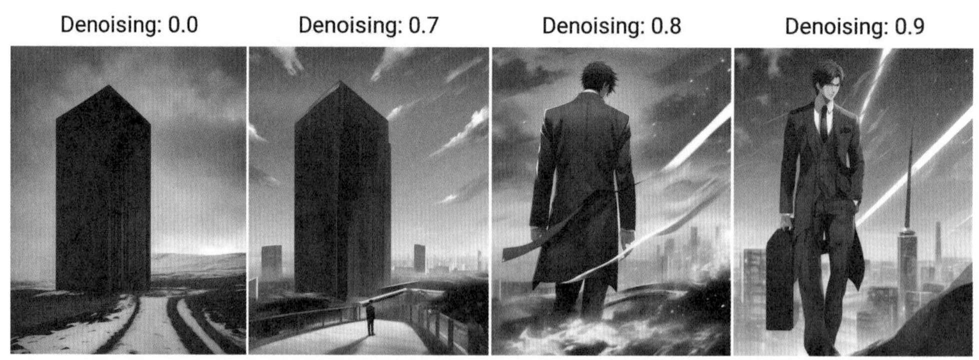

提示词：anime, 1man, dark gray suit。

画面中的主体通常会转变为与人物相关的形象，如果增加关于服饰、颜色等与主体相呼应的提示词，则生成准确度会更高一些。

3.2 涂鸦

相比于图生图功能会对图像整体进行较为均匀的改变，涂鸦功能则可以在整体调整图像的基础上，针对涂抹的位置进行定制化的修改，根据所涂的颜色和提示词来生成相应的图像，所以当既需要重绘整图，又需要重点调整局部时，就可以使用涂鸦功能。

与图生图界面的上传图像框中只有一个删除按钮不同，涂鸦界面的上传图像框中有 5 个按钮。

点击“撤销”按钮，会撤销上一步所画的内容。

点击“清除”按钮，则会一次性把所有涂鸦内容全部清除，只留下原本上传的图像。

点击“关闭”按钮，则会关闭图像显示。

点击“画笔”按钮，会出现可以调整画笔粗细的拖动条，选择不同粗细的画笔进行不同区域的绘制，有助于控制涂鸦内容的形状和细节。

点击“颜色”按钮，会显示当前所使用的色块，点击色块，就会出现颜色选择框，里面有多种选择颜色的方式。点击吸管按钮，可以在图像上吸取颜色作为当前色；点击颜色条选择色相，然后在颜色框中选择不同明度和饱和度，也可以确定最终的当前色；还可以直接在下面的数值框中输入所需颜色对应的 R、G、B 数值。

除此之外，涂鸦功能的其他参数与图生图功能的完全一致，下面来看几个实例。

局部涂鸦

在使用涂鸦功能修改局部时要做好其他画面内容被修改的心理准备。

Denoising: 0.0　　Denoising: 0.7　　Denoising: 0.8

在原有描述整张图像的提示词的基础上增加有关涂鸦部分的提示词：orange pattern。

Denoising: 0.6　　Denoising: 0.7　　Denoising: 0.8

原图是在 Stable Diffusion 的文生图界面中生成的，为了使出图效果更接近原图，可以将原图的随机数种子数值填入涂鸦功能对应的随机数种子数值框内，由此得到的出图效果与原图的相似度确实比之前更高。

另外需要注意的是，在图生图界面中，不论使用上一节所学的图生图功能，还是本节中的涂鸦功能，抑或是之后会学到的局部重绘、涂鸦重绘、上传重绘蒙版和批量处理功能，最好都使重绘尺寸与原图尺寸保持一致，点击高度数值后面的三角形标尺便可将上传图像的尺寸同步至重绘尺寸数值框内。如果需要对画面进行裁剪，最好在其他软件中完成裁剪后再进行图生图操作，避免直接在图生图界面中调整画面大小，否则可能会出现被拉伸或压缩、被填充一些意想不到的内容等情况，导致出图效果可控性降低。

添加画面元素

在需要添加元素的位置，使用合适的颜色和画笔涂抹出元素的基本形状，并在提示词中添加关于该元素的内容，通常在重绘幅度为 0.6 时就能呈现出包含该元素的自然的画面，而在重绘幅度大于或等于 0.8 时则会开始出现与原图差别较大的画面。

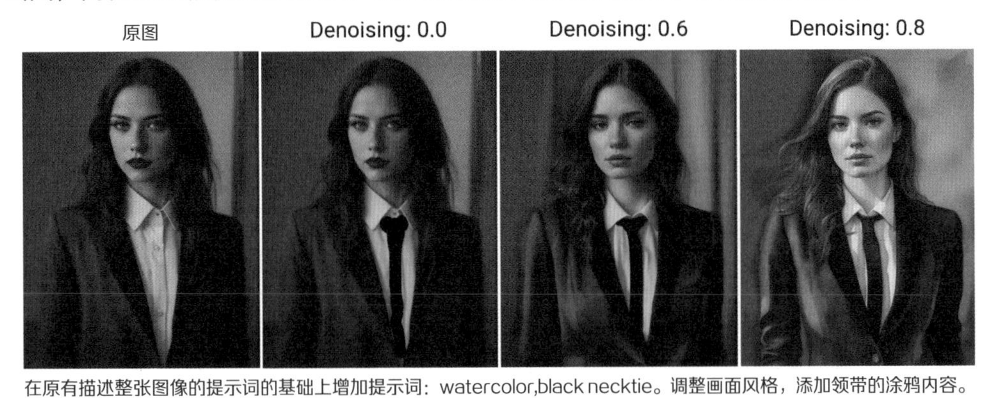

在原有描述整张图像的提示词的基础上增加提示词：watercolor,black necktie。调整画面风格，添加领带的涂鸦内容。

原图　Denoising: 0.0　Denoising: 0.6　Denoising: 0.8

在原有描述整张图像的提示词的基础上增加提示词：neon punk,glasses。调整画面风格，添加眼镜的涂鸦内容。

在原有描述整张图像的提示词的基础上增加提示词：illustrator,red collar。调整画面风格，添加项圈的涂鸦内容。

从以上实例可以看出，画面风格的调整会在重绘幅度较大时展现得更为明显，这是因为对于画面整体进行改变需要 Stable Diffusion 发挥更多的创意，也就需要我们给它更大的重绘空间。

去除画面元素

相比于添加元素，去除某些元素则更为简单，只需要用周围的环境色将元素遮盖，而且不需要在提示词中添加相关信息。通常在重绘幅度为 0.4 左右时便能得到较为自然的融合效果，而画面风格的显著改变则通常发生在重绘幅度为 0.7 左右时。

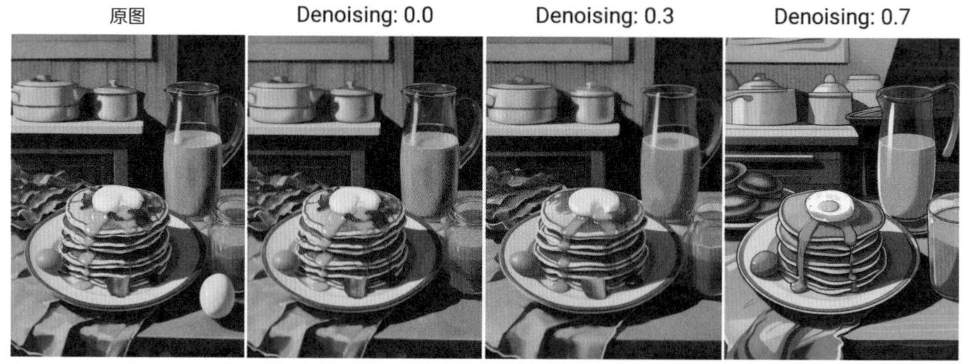

在原有描述整张图像的提示词的基础上增加提示词：line art。调整画面风格，需要去除的鸡蛋元素不必提及。

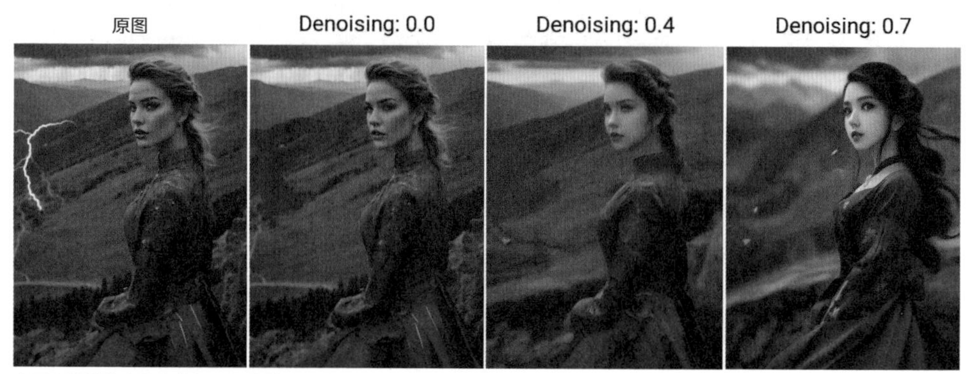

在原有描述整张图像的提示词的基础上增加提示词：anime。调整画面风格，需要去除的闪电元素不必提及。

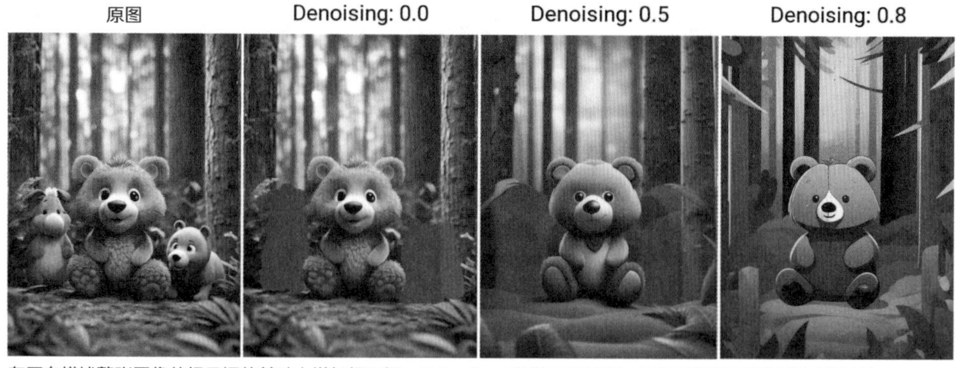

在原有描述整张图像的提示词的基础上增加提示词：flat color。调整画面风格，需要去除的动物元素不必提及。

从以上实例可以看出，需要去除的元素在画面中所占比例越小，涂抹时色彩区域之间的过渡越自然，达到效果时所需的重绘幅度就越小，生成图也与原图越接近。

草稿变成品

在 Stable Diffusion 中，使用者只需要简单几笔将想要呈现的画面颜色、线条涂抹出来，再配以描述性提示词，Stable Diffusion 就会施展它强大的计算功能将这些草稿变成一幅幅令人惊叹的作品。

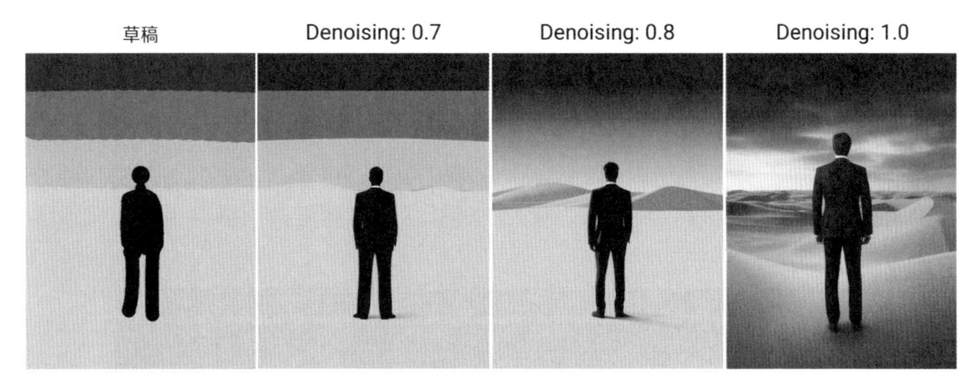

提示词：A man wearing a black suit, standing in the middle of a little brown sand desert。

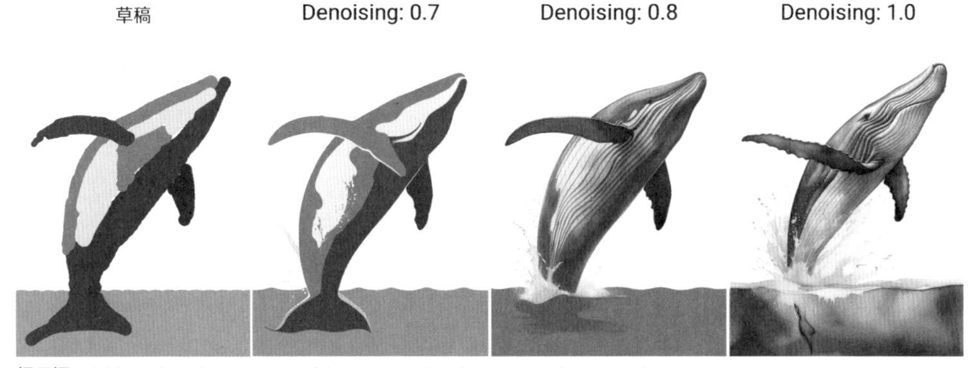

提示词：A blue whale jumped out of the water, white background, watercolor。

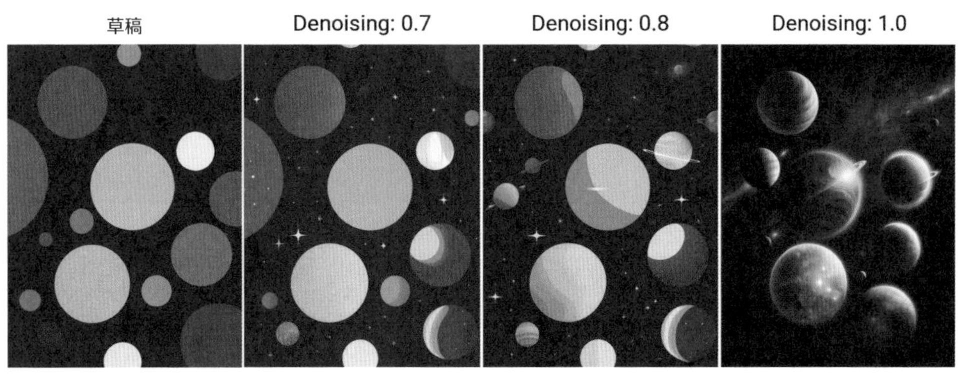

提示词：Many planets of different colors are emitting light, dark blue cosmic background。

从以上实例可以看出，要将草稿变成佳作，重绘幅度要大一些，这样才能给予 Stable Diffusion 更大的想象空间，让它充分发挥自己的艺术才能。

3.3 局部重绘

局部重绘就是对使用者选择的部分区域进行重绘，之前的图生图和涂鸦功能都会对全图进行调整，而局部重绘是只对选中的局部进行修改，其他部分则与原图完全保持一致。

该功能的使用方法也十分简单，只需要用画笔在原图中涂抹，遮盖住部分区域即可进行后续重绘操作，由于局部重绘与涂抹的颜色无关，所以上传图像框中并没有颜色按钮。

“局部重绘”选项卡下方的大部分参数在前文中都讲过了，这里仅对新增参数进行说明，它们包括蒙版边缘模糊度、蒙版模式、蒙版区域内容处理、重绘区域、仅蒙版区域下边缘预留像素等。

蒙版边缘模糊度

蒙版边缘模糊度指图中涂白的半透明蒙版区域边界的模糊程度，范围为 0 ～ 64，默认值为 4。数值越小，边界越生硬，重绘时可能会出现过渡不够自然的情况；数值较大时，边界较为柔和，蒙版区域与原图融合得更好，但过大的数值会让蒙版区域变得过大，边界的重绘幅度反而会变小，这样不利于边界的重绘。所以，应选择恰当的数值。

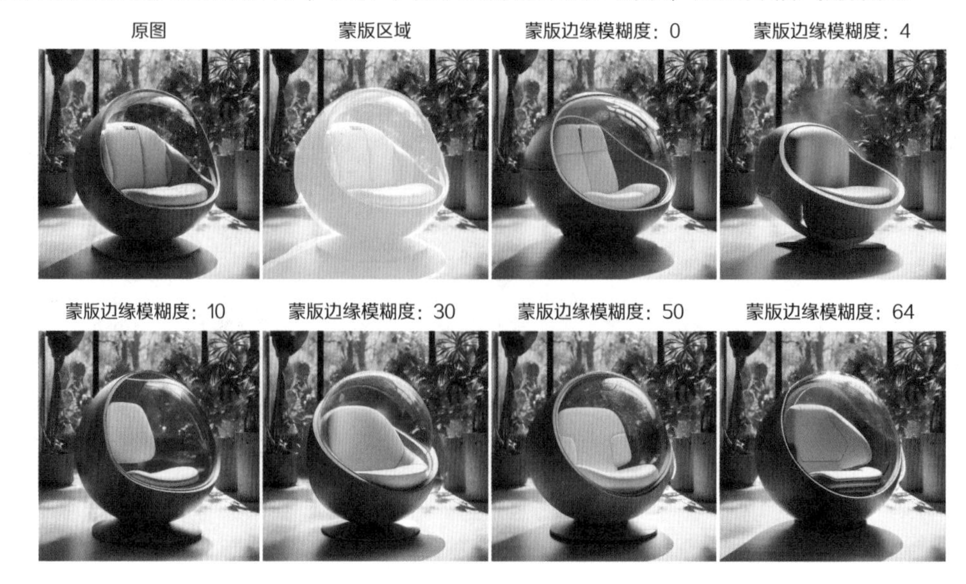

蒙版模式

该模式中有两个选项，分别是重绘蒙版内容和重绘非蒙版内容，前者用于重绘涂白的半透明蒙版区域，后者则用于重绘蒙版之外的区域。上页的例子选择了重绘蒙版内容，这里选择重绘非蒙版内容。

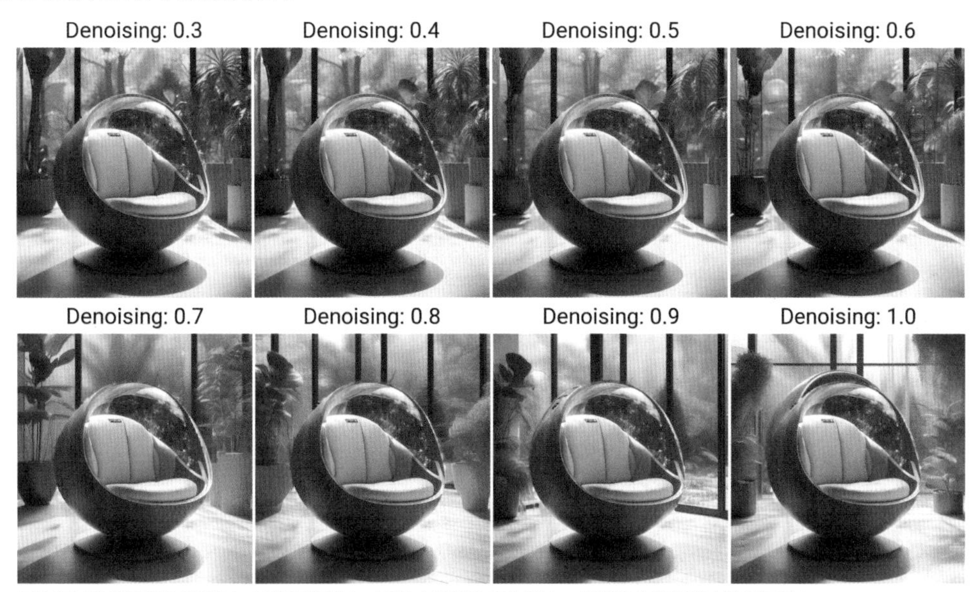

不改变原始提示词的情况下，重绘幅度越大，重绘内容的改变也越大，但其仍会遵循基本的提示词。

填写特定的提示词并设置相应的参数可以使重绘内容朝着你想要的方向改变。

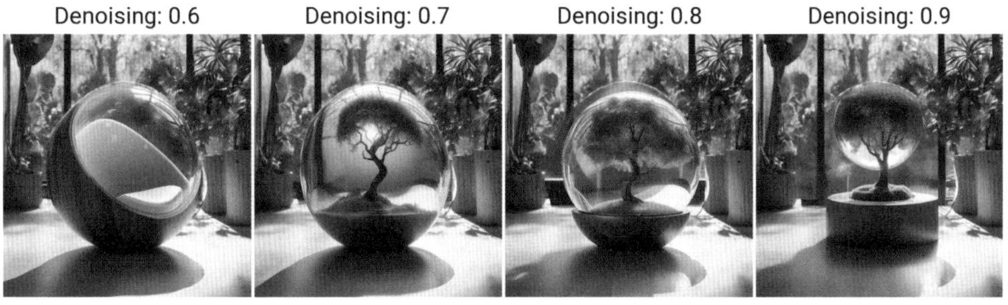

重绘蒙版内容，提示词：a lush green tree in a glass ball。重绘幅度大于 0.6 时提示词的作用比较明显。

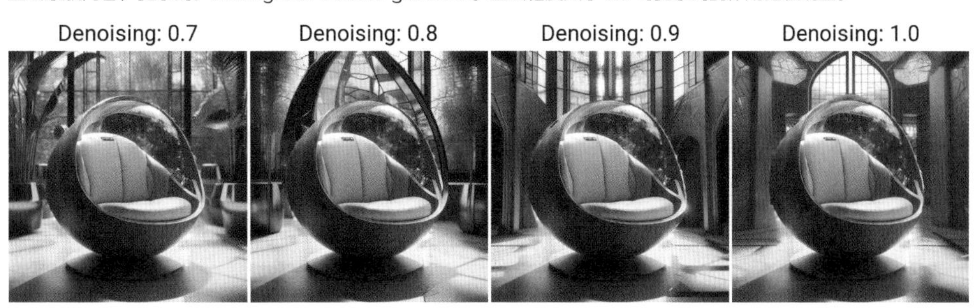

重绘非蒙版内容，提示词：Byzantine style church interior with stained glass。

蒙版区域内容处理

该参数的 4 个选项分别表示重绘内容的 4 个参考对象。从原理上来讲，填充是指将蒙住的图像区域加噪后作为参考内容；原版是指参考上传的图像内容；潜空间噪声是指先生成噪点颜色，降噪后再生成图像；空白潜空间是指先生成潜变量的像素颜色，降噪后再生成图像。通俗地说，填充会综合文本、图像和其他参数来生成新图，原版会更多地参考图像，潜空间噪声和空白潜空间则往往会生成意料之外的画面。

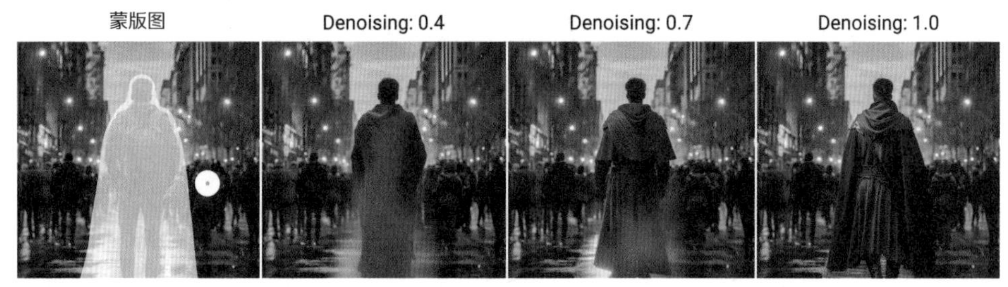

填充。提示词：a medieval warrior wearing a cloak in the street。

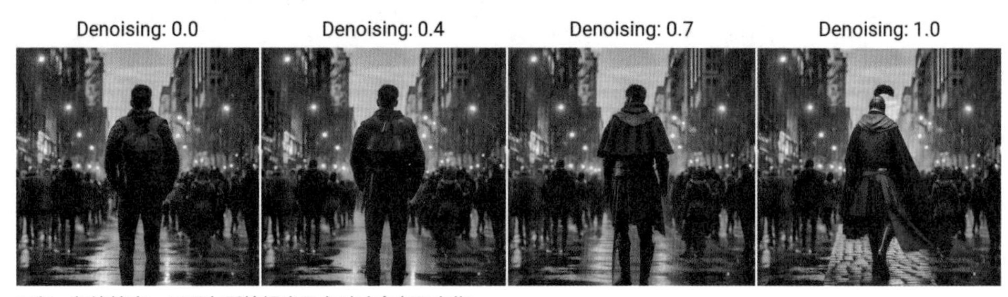

原版。相比填充，画面在重绘幅度更大时才会有所变化。

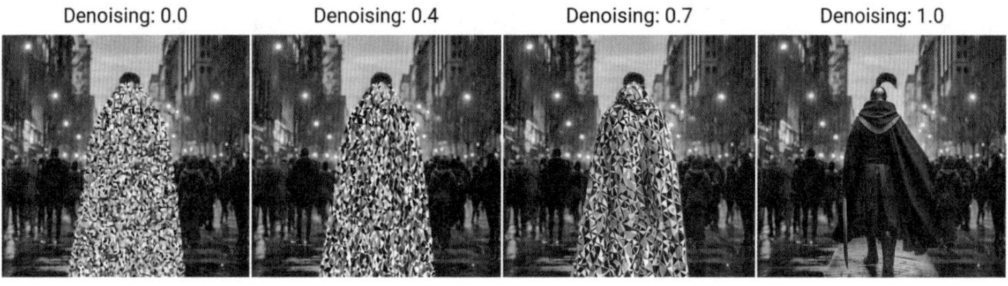

潜空间噪声。从重绘幅度为 0 时的图像中可以看到重绘区域的噪声图填充，之后逐步降噪直至生成有意义的图像。

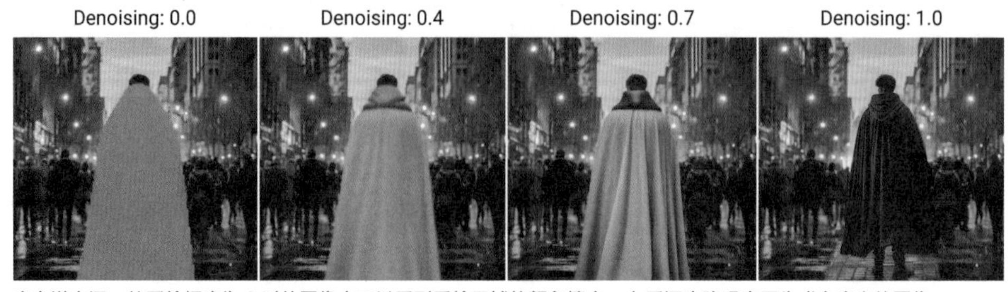

空白潜空间。从重绘幅度为 0 时的图像中可以看到重绘区域的颜色填充，之后逐步降噪直至生成有意义的图像。

重绘区域

重绘区域包括整张图片和仅蒙版区域两个选项，注意该参数并不是指重绘范围，而是指 Stable Diffusion 的计算范围。选择整张图片不代表要对全图进行重绘，而是指以全图为计算范围，但只改变蒙版区域。其优点是蒙版区域与原图衔接得较为自然流畅，缺点是蒙版区域的细节不够丰富。选择仅蒙版区域则是先将蒙版区域放大并进行重绘，然后将重绘后的内容放回原图中，所以计算范围只包括蒙版区域，而非全图。其优点是蒙版区域的细节清晰且色彩丰富，同时针对大尺寸的图像进行局部修改时，可以避免计算全图而给计算机带来过重的负担；缺点是可能会导致蒙版区域与原图的融合适配效果较差，这就需要使用者设置合适的蒙版边缘模糊度和边缘预留像素来调出自然的过渡效果。

整张图片。可以看到图像生成过程中 Stable Diffusion 始终是以整张图片为范围进行计算的。

仅蒙版区域。可以看到图像生成过程中 Stable Diffusion 始终是以蒙版区域为范围进行计算的。使用该选项时，如果下方的“仅蒙版区域下边缘预留像素”参数值较小，则提示词要针对蒙版区域来书写，尽量避免根据全图来书写，否则蒙版区域也会按照全图提示词来生成。

仅蒙版区域下边缘预留像素

该参数配合前面选择“仅蒙版时”使用，它会使计算范围在蒙版区域基础上分别向四个方向扩展一定的像素值，范围为 0 ～ 256，默认值为 32。具体数值要根据原图的尺寸和蒙版区域的尺寸来定，大家可以先从大范围尝试，再进一步确定效果最佳的数值。

预留像素数值：0

预留像素数值：48

预留像素数值：152

预留像素数值：256

使用针对全图的提示词时，预留像素数值越大，效果越好，否则便会在蒙版区域生成全图的内容。

图像扩绘

当想要改变一张图像的构图，比如将人物头像变成半身像、将人物半身像变成全身像、将特写变成全景等时，直接使用图生图功能扩绘会对原图产生影响，如果想要最大限度地保留原图并进行扩绘，局部重绘则是个不错的选择。

虽然在 Stable Diffusion 中也可以将局部图扩展至一定尺寸，但由于操作略微麻烦，所以通常选择在其他绘画软件中对图片进行扩展，而后将其导入 Stable Diffusion 中进行扩绘操作。

原图　蒙版图　扩绘图 1　扩绘图 2

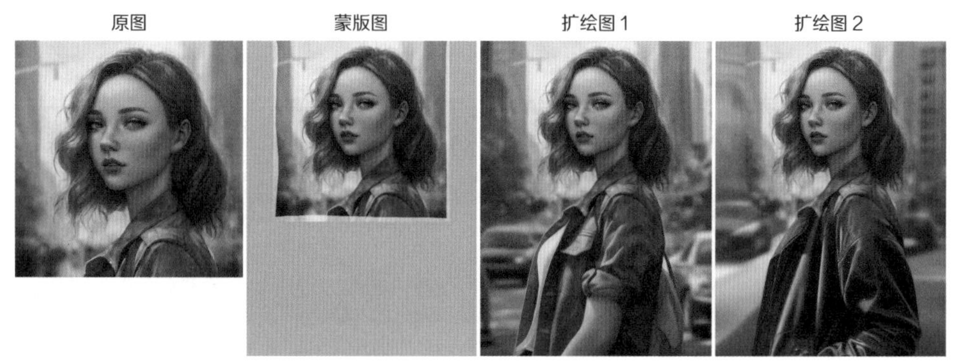

提示词要针对全图来书写，将“蒙版区域内容处理”选择“填充”，将重绘区域选择整张图片，将重绘幅度调至最大。

原图　蒙版图　扩绘图 1　扩绘图 2

涂抹蒙版区域时要略微覆盖原图的部分边缘，并设置合适的蒙版边缘模糊度，避免边界过于生硬。

原图　蒙版图　扩绘图 1　扩绘图 2

即便参数和提示词设置得都比较合适，仍然难以避免 Stable Diffusion 生成奇怪的画面，不妨耐心一些，多试几次。

3.4 涂鸦重绘

涂鸦重绘功能相当于结合了涂鸦功能和局部重绘功能，涂抹蒙版时不再只有一种颜色，还可以选择其他颜色，并且蒙版颜色也会对重绘区域的内容产生一定程度的影响。

蒙版透明度

蒙版透明度的数值范围为 0 ～ 100，默认值为 0，数值越大，蒙版的透明度越高。

很多人都容易混淆蒙版边缘模糊度和蒙版透明度的用法：蒙版边缘模糊度增加的是蒙版边缘的透明度，数值特别大时影响范围也会相应扩大，可能会使画面的中心区域出现一定的模糊和透明效果；蒙版透明度则直接作用于整个蒙版，蒙版透明度越高，Stable Diffusion 的重绘幅度越小，蒙版透明度为 100 时，蒙版就不会起作用了。

原图　蒙版图　蒙版透明度：0　蒙版透明度：10

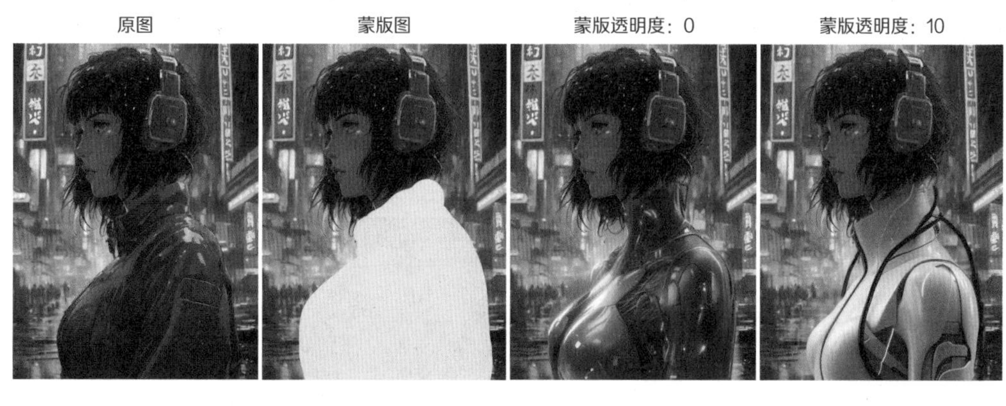

蒙版透明度：30　蒙版透明度：40　蒙版透明度：50　蒙版透明度：100

从以上实例可以看出，当蒙版透明度为 0 时，颜色是不起任何作用的，Stable Diffusion 会将其作为一个普通蒙版，相当于在局部进行图像生成；当蒙版透明度小于 50 时，提示词和蒙版共同发挥作用，Stable Diffusion 生成了黄色的赛博机器人躯干图像；当蒙版透明度大于或等于 50 时，重绘效果被削弱，生成图如同在原图上覆盖了一层黄色色块，数值越大，色块越透明，直到数值为 100 时，蒙版不再起作用，直接输出原图。

局部换装

局部换装通常用于给服装增加一些配饰或绘制特定颜色的图案等，生成的效果图可能不太准确，但可以让使用者有所参考，大大节省设计时间。

由于局部修改涉及的区域往往很小，所以要注意涂鸦区域的大小，避免蒙版区域无法被识别；也可以将需要修改的部分裁剪下来并进行重绘，之后再拼回原图，从而减少失误。

原图 蒙版图 局部换装图 1 局部换装图 2

提示词：the lady wearing a black dress with gold buttons and brown belt。

原图 蒙版图 局部换装图 1 局部换装图 2

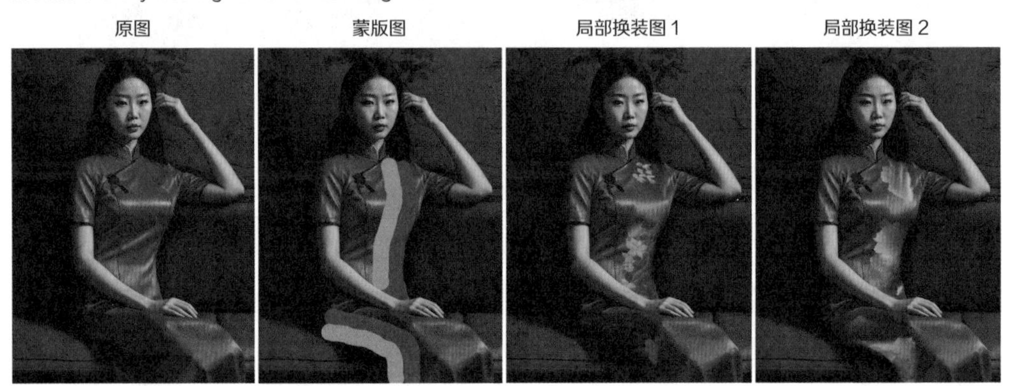

提示词：a Chinese woman wearing a half sleeved qipao with green and pink vine patterns。

原图 蒙版图 局部换装图 1 局部换装图 2

提示词：anime model wearing a blue dress with yellow flower edges and cuffs and hem。

整体换装

整体换装比局部换装更容易，因为我们不需要细致刻画，只要给出大概的蒙版区域范围和色彩，配合适当的提示词，就可以让 Stable Diffusion 自由发挥。

由于整体换装时蒙版区域范围较大，所以会有很大概率生成混乱的内容，比如多手或多头的现象。我们可以增加出图数量，从多张图片中选择效果较为理想的即可。

原图　蒙版图　整体换装图 1　整体换装图 2

提示词：Caftan traditionnal, morrocan style, corset-style dress。

原图　蒙版图　整体换装图 1　整体换装图 2

提示词：blue shirt with colorful floral and white bottons。

原图　蒙版图　整体换装图 1　整体换装图 2

提示词：1girl wearing a streetwear in a convenience store。

3.5 上传重绘蒙版

上传重绘蒙版功能与局部重绘功能类似，但可以弥补局部重绘功能的缺陷。在局部重绘中，绘制蒙版的工具仅有可以调节粗细的画笔，其只能大致地画出重绘区域，对于细节部分的绘制就显得无能为力了。要求没那么高的话，可以选择局部重绘功能。使用上传重绘蒙版功能可以让使用者将在其他软件中绘制出的精细的蒙版图片上传至 Stable Diffusion 中使用，从而得到与原图中重绘区域非常贴合的画面。

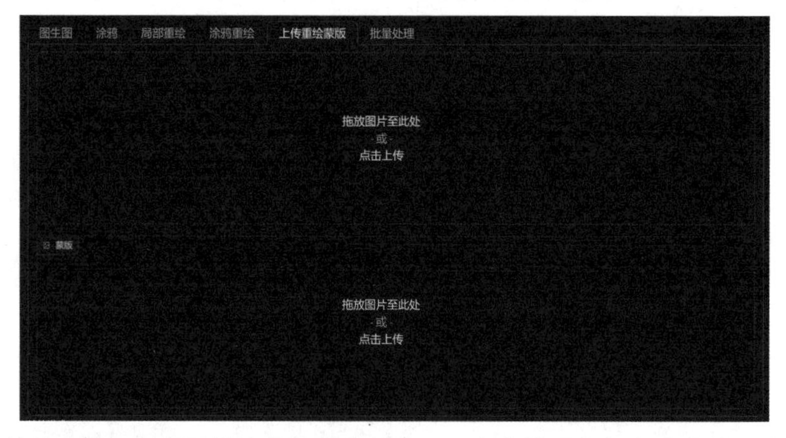

该功能的参数与局部重绘功能的基本相同，只在上传图像框下方多出一个上传蒙版框，使用者需要在这里上传一张提前准备好的蒙版图片。

在其他修图软件中使用工具将蒙版区域选出来并填充为白色，需要注意的是，使用上传重绘蒙版时，白色区域会被识别为蒙版区域，黑色区域则会被识别为非蒙版区域。当然，如果将颜色填充反了，也可以使用蒙版模式功能来将蒙版区域改为非蒙版区域。另外，在保存蒙版图片时最好使其尺寸与原图尺寸保持一致，这样才能使蒙版图片更好地与原图相融合。

提示词：a beam of radiation emitted from the center outwards, explosive flashes。

为人物图片换背景

为人物图片换背景对于许多设计者来说可谓家常便饭，有了 Stable Diffusion 之后，这项工作的难度大大降低了。它虽然可能无法提供完全符合要求的背景图，但能够让设计者在预览背景图并确定改变方向后再进行下一步工作，这无疑节省了很多时间和精力。

由于换背景涉及的蒙版区域较大，为了避免生成其他多余的元素，在书写提示词时应以描述背景内容为主，不必添加人物相关词汇。

原图 蒙版图 换背景图 1 换背景图 2

提示词：a hutong in Beijing, lanterns, maple tree, realistic。

原图 蒙版图 换背景图 1 换背景图 2

提示词：the seaside beach under the sunset, in the evening, realistic。

原图 蒙版图 换背景图 1 换背景图 2

提示词：in a dark forest, many tress, a gothic castle far away, comic。

为风景图片换天空

天空是摄影中较难控制的因素，但使用 Stable Diffusion 便可以将不同风格的天空呈现在照片中。与为人物图片换背景一样，在书写提示词时要以描写天空为主。

提示词：night sky with beautiful with aurora, realistic。

提示词：clear blue sky with white clouds, realistic。

提示词：stormy sky with dark clouds, a little sunshine appeared, anime。

3.6 批量处理

批量处理功能用于对大量图片进行统一处理，该功能针对每张图片所采取的工作模式是一致的，其优点在于可以自动地、不间断地处理同一文件中的所有图片，而不需要使用者逐一手动上传和处理每张图片，从而帮助使用者节省等待和操作时间。

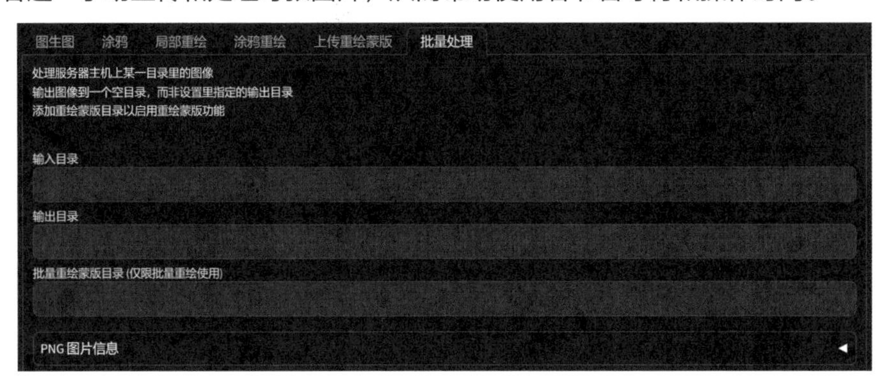

批量处理功能中有 3 个输入框，它们分别是“输入目录”“输出目录”和“批量重绘蒙版目录”。输入目录是指存放原图的文件夹地址，复制该文件夹地址，粘贴到“输入目录”输入框中；输出目录是指存放重绘后的图片的文件夹地址，复制该文件夹地址，粘贴到“输出目录”输入框中；批量重绘蒙版目录是指存放蒙版图片的文件夹地址，复制该文件夹地址，粘贴到“批量重绘蒙版目录”输入框中。除此之外，该功能还有“PNG 图片信息”选项，剩余的参数都与图生图功能的参数没有差别。

批量处理功能分为使用重绘蒙版功能和不使用重绘蒙版功能两种模式，我们依次来看一下。

使用重绘蒙版功能

存放若干张图片，作为要进行重绘的原图。这些图片的尺寸要保证完全一致，这样输出时才能避免某些图片被拉伸、压缩或裁剪。

在其他软件中分别制作与这些图片对应的蒙版，不仅要保持蒙版图片与原图尺寸相同，或者宽高比相同，而且还要使原图与对应的蒙版图片名称相同，如此方能一一对应地进行蒙版重绘，否则便会出现不匹配的蒙版在原图中划分出不正确的重绘区域，导致生成图有误的问题。

生成图会存放在输出目录之中，其命名方式是在原图名称之前按顺序加上数字。在 Stable Diffusion 之前的版本中，重复点击“生成”按钮，新图片会将之前生成的图片替换掉，但在 SDXL 1.0 版本中，新图片会依次排序，不会替换之前生成的图片。如果使用之前的版本，那么在进行重复生成操作时，必须将之前生成的需要保留的图片妥善保存，否则它们就会被新图片覆盖。这种覆盖操作是不可逆的，尤其对于随机性较大的绘画过程来说，Stable Diffusion 很可能无法生成完全相同的两张图片，因此使用者在这一点上应格外留意。

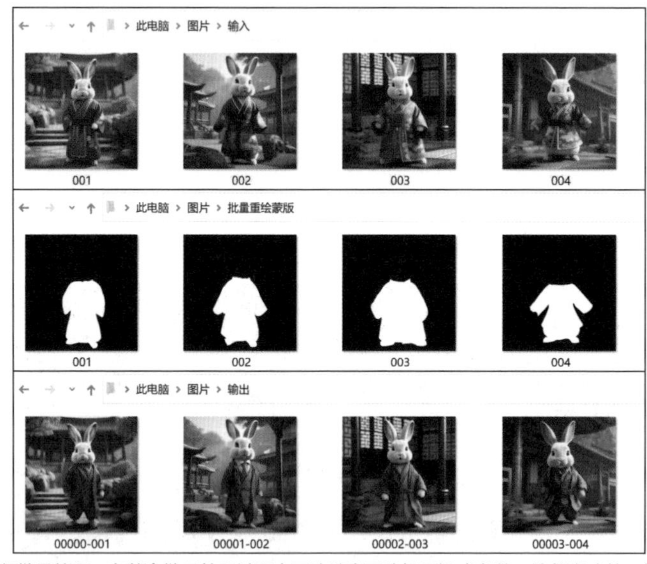

由于是对多张图片进行批量处理，在整个批量处理过程中无法随意更改提示词或参数，这就意味着不能针对某张图片进行特殊的设置，所以应尽量使用风格一致、内容类似的图片，这样在设置提示词和参数时就会比较方便。如果想使用该功能来批量调整图片的尺寸，则要注意避免调整后某些图片因被拉伸、压缩而变形，或因被裁剪而缺失主体内容。

不使用重绘蒙版功能

不在批量重绘蒙版目录输入框中输入文件夹地址表示不使用重绘蒙版功能这种模式，也就是只对原图进行参数调整后的生成操作，相当于使用图生图功能将每张图片都重绘一次。该模式对于原图尺寸的要求与使用重绘蒙版功能模式的要求一致，而且重复生成时新图片也会覆盖之前生成的图片，但由于不需要与蒙版图片一一对应，所以其对二者的名称并没有什么要求。

PNG 图片信息

勾选“将 PNG 信息添加到提示词中”后就会启用该选项，PNG 图片信息目录是指存放提供信息图片的文件夹地址，复制文件夹地址，粘贴到该输入框中即可。

提供信息的图片名称必须与输入文件夹中的原图名称相对应，图片则必须是 PNG 格式，这样才能被识别。另外，还必须在下方“需要从 PNG 图片中提取的参数”中勾选要添加的参数，否则即便图片名称相同、格式正确，也不会将信息加入生成过程。

该选项弥补了对图片进行批量处理时参数过于单一的缺陷，可以通过文生图设置相应的提示词和参数，生成图片在这里作为 PNG 图片信息使用，从而得到更加多样化、个性化的生成图。

第「4」章

Stable Diffusion 其他界面

除了文生图和图生图这两大基础的核心功能之外，Stable Diffusion 还提供了许多辅助性功能来帮助使用者更便利地制作出符合要求的图片，如各种各样的脚本功能、后期处理功能和 PNG 图片信息功能等。本章会介绍部分常用的辅助性功能，希望能够对大家开展 AI 绘画有所帮助。

4.1 脚本“提示词矩阵”

脚本选项位于文生图或图生图界面中其他参数的下方，共有 8 种，如右图所示，文生图界面中只有后 3 种，这里先介绍“提示词矩阵”。

图生图的替代性测试
回送
向外绘制第二版
效果稍差的向外绘制
Prompt matrix (提示词矩阵)
从文本框或文件载入提示词
使用 SD 放大(SD upscale)
X/Y/Z 图表
None

使用方法

在“提示词矩阵”脚本中，可以使用竖线将多个提示词分隔开，Stable Diffusion 会依次组合提示词来生成多张图片，以供使用者对比选择，这里举一个简单的例子来说明。

选择该脚本，在正向提示词框中输入“1girl | wear black dress | red hair”。

点击“生成”按钮后会一次性生成 4 张图片，它们的提示词分别是“1girl”“1girl，wear black dress”“1girl，red hair”“1girl，wear black dress，red hair”。

竖线将提示词分为了 3 个部分，第一部分为基础提示词，之后的部分为可变提示词，Stable Diffusion 会分别使用第一部分，第一、二部分，第一、三部分，以及第一、二、三部分来对提示词进行组合并生成相应的图片。

如左图所示，4 张图片分别展示了一个女孩、穿黑色连衣裙的女孩、红发女孩和穿黑色连衣裙的红发女孩。

如果想要得到相似度较高的对比图，建议使用图生图功能，配合不同的提示词矩阵，将重绘幅度设置在 0.8 左右。如果单独使用文生图功能，即便设置了相同的随机数种子，图片之间的差异也可能会比较大，大家可以多加尝试。

提示词并非只能被分成 3 个部分，还可以被分成更多部分，每增加一个提示词部分就会相应增加组合数量和生成图片的数量。当然，提示词部分越多，组合次数越多，出图所需的时间也就越长，大家需要合理安排出图数量。

把可变部分放在提示词文本的开头

勾选该项后，对提示词各部分进行组合时会将可变部分放在前面，仍然使用上页所述的提示词，点击“生成”按钮后得到 4 张图片的提示词分别是“1girl”“wear black dress，1girl”“red hair，1girl”“wear black dress，red hair，1girl”。

可以看到，原本位于后面的可变部分“wear black dress”和“red hair”被放在了提示词文本的开头，而基础提示词“1girl”则被放在了最后，这相当于增加了可变部分的权重，在生成图片时会优先考虑可变部分的内容。

为每张图片使用不同随机种子

不勾选该项，则一次性生成的若干张图片都会采用相同的随机数种子，图片风格、构图等也都比较相似；勾选该项后，生成图都会采用不同的随机数种子，画面的差别也比较大。如果想要使图片中的元素基本保持一致，只是对比可变部分的不同效果，就不要勾选该项；如果想要生成比较多元化的图片，则可以勾选该项。

选择提示词

该项包括“正向”和“反向提示词”两个选项。选择“正向”时，Stable Diffusion 除了会按照顺序组合正向提示词来生成图片之外，还会对每张生成图都应用相同的反向提示词，也就是反向提示词框中所书写的提示词；如果选择“反向提示词”，则生成图都会采用相同的正向提示词，且反向提示词要用竖线分成几部分，Stable Diffusion 会按照顺序将各部分组合起来作为每张图片的反向提示词来生成图片。

选择分隔符

该项包括“逗号”和“space（空格 / 空间艺术）”两个选项，用于确定组合后的各提示词部分之间的分隔符。如果选择“逗号”，则不同的提示词部分之间使用逗号；如果选择“space（空格 / 空间艺术）”，则不同的提示词部分之间使用空格。一般默认选择“逗号”，但如果需要将可变提示词和基础提示词组合成一个连贯的长句时，就可以选择空格。

网格图边框

该项表示生成的网格图中各图像之间的距离，范围为 0 ～ 500，默认值为 0。使用默认值时，网格图中各图像之间都是没有距离的，数值越大，图像之间的距离越大，Stable Diffusion 会自动使用相应像素值的白色边框将图像分隔开。

4.2 脚本“X/Y/Z 图表”

使用脚本“X/Y/Z 图表”可以生成由具有不同参数的若干张图片生成的网格图，x 轴代表行参数，y 轴代表列参数（可以设置不同的数值或选项并展现在同一张网格图中），而 z 轴则控制批处理维度，即出图数量，也就是说 z 轴有几个数值或选项，就会出几张网格图，每张网格图中都有 x 轴和 y 轴为不同参数值或选项时的图像。例如前文所展示的运用不同迭代步数、采样方法、重绘幅度等参数下的网格图便是使用该脚本生成的，但基本上都只使用了 x 轴，并未用到 y 轴和 z 轴。

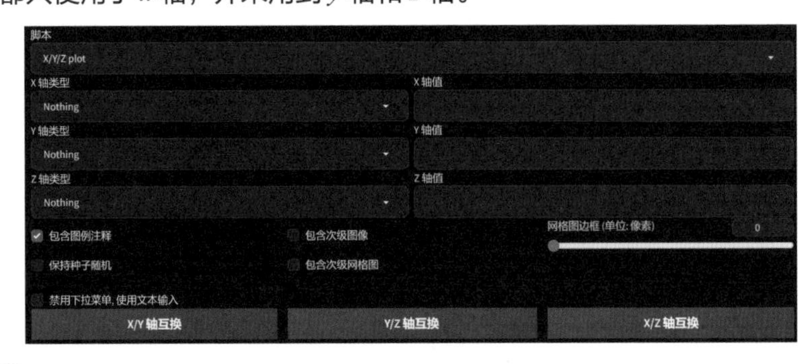

轴类型

轴类型包括“x 轴类型”“y 轴类型”和“z 轴类型”，也就是它们所代表的参数，点开下拉菜单就可以看到所有选项，其中最常用的就是随机数种子、迭代步数、提示词引导系数、采样方法、模型名、重绘幅度、预设样式等。

轴值

轴值用于设置对应轴类型，不同的轴类型需要设置不同的轴值。

如果选择采样方法等有具体选项的轴类型选项，则需要在轴值输入框内输入要使用的采样方法名称。使用者可以在菜单中依次选择，也可以点击输入框后面出现的填充按钮，将当前所有的采样方法名称都填充到输入框内，再进行删减和选择。

如果选择迭代步数或重绘幅度等需要设置数值的轴类型选项，则轴值输入框内要输入具体的数值。数值包括单个数值或多个数值，可以是整数或小数，具体数值要求与所选轴类型选项有关。比如迭代步数只支持整数，使用者就只能输入整数，而重绘幅度支持小数，使用者就可以输入带有小数点的数。单个数值直接输入即可，多个数值之间使用半角逗号隔开。另外，也可以输入数值范围，具体使用方法有以下 3 种。

（1）可以仅为数值范围，比如 1-6 代表 1，2，3，4，5，6。

（2）可以带小括号，小括号内的数值代表增量，比如 1-10（+2）表示 1，3，5，7，9；20-5（-4）表示 20，16，12，8；3-5（+0.5）表示 3，3.5，4，4.5，5。

（3）可以使用中括号，中括号内的数值表示个数，中括号前面的数值范围将按照相同间隔分成相应个数的数值，比如 10-50［9］代表 10，15，20，25，30，35，40，45，50；1.0-4.0［7］代表 1.0，1.5，2.0，2.5，3.0，3.5，4.0。如果均分后有小数，由于选项规定只能取整数，则会取近似值。

包含图例注释

勾选该项，就会在网格图上显示 x 轴、y 轴和 z 轴的数值及选项；不勾选该项，网格图上除了图片内容，其他什么信息都没有。所以一般情况下保持默认勾选该项即可，否则生成图片以后可能无法清楚地知道设置了哪些参数。

保持种子随机

勾选该项，则网格图中的每张图片都会使用不同的随机数种子，这也就意味着出图效果会有很大随机性，整体效果略显杂乱，如果想要针对某个参数进行不同数值的比较，那可能达不到太好的比较效果，所以一般情况下不会勾选该项。但如果出图目的就是要得到大量千差万别的内容，那就需要勾选该项。

包含次级图像

勾选该项则会将生成的单张图像都显示在图像框内，虽然之前生成网格图时也会同时生成单张图像，但这些图像都是直接保存在文件夹中的，不会显示在右侧的图像框内。勾选与否不会影响具体的出图效果，因此是否勾选取决于使用者的需求和习惯。

包含次级网格图

勾选该项，点击“生成”按钮，会看到图像框内显示了两张一模一样的网格图，第一张是系统默认显示的，第二张则是因为我们勾选该项而生成的，但是一般来说，这个选项是没必要勾选的。

禁用下拉菜单，使用文本输入

勾选该项后，如果选择了有具体选项的轴类型，如采样器、模型名、VAE 等，原本点击轴值输入框后出现的选择菜单就会消失，使用者只能手动输入文本。输入框后面出现的填充按钮依然可用，只不过自动填入所有选项后，之前位于每个选项后面的删除按钮没有了，使用者只能手动依次删除。由于勾选该项后并不会使操作更加便利，所以只有在特殊情况下才会勾选，平时保持默认不勾选即可。

轴互换

轴互换包括“x/y 轴互换”“y/z 轴互换”“x/z 轴互换”，点击相应按钮，会将相应的轴类型和轴值的内容互换，这对画面效果没有什么影响，需要时点击即可。

网格图边框

网格图边框与脚本“提示词矩阵”中的同名参数作用相同，这里不再赘述。

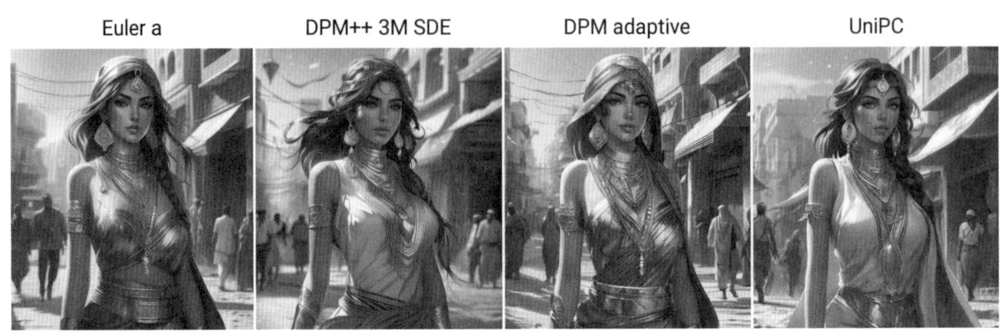

只启用 x 轴，轴类型为“采样方法”，轴值为“Euler a、DPM++ 3M SDE、DPM adaptive、UniPC”4 种。

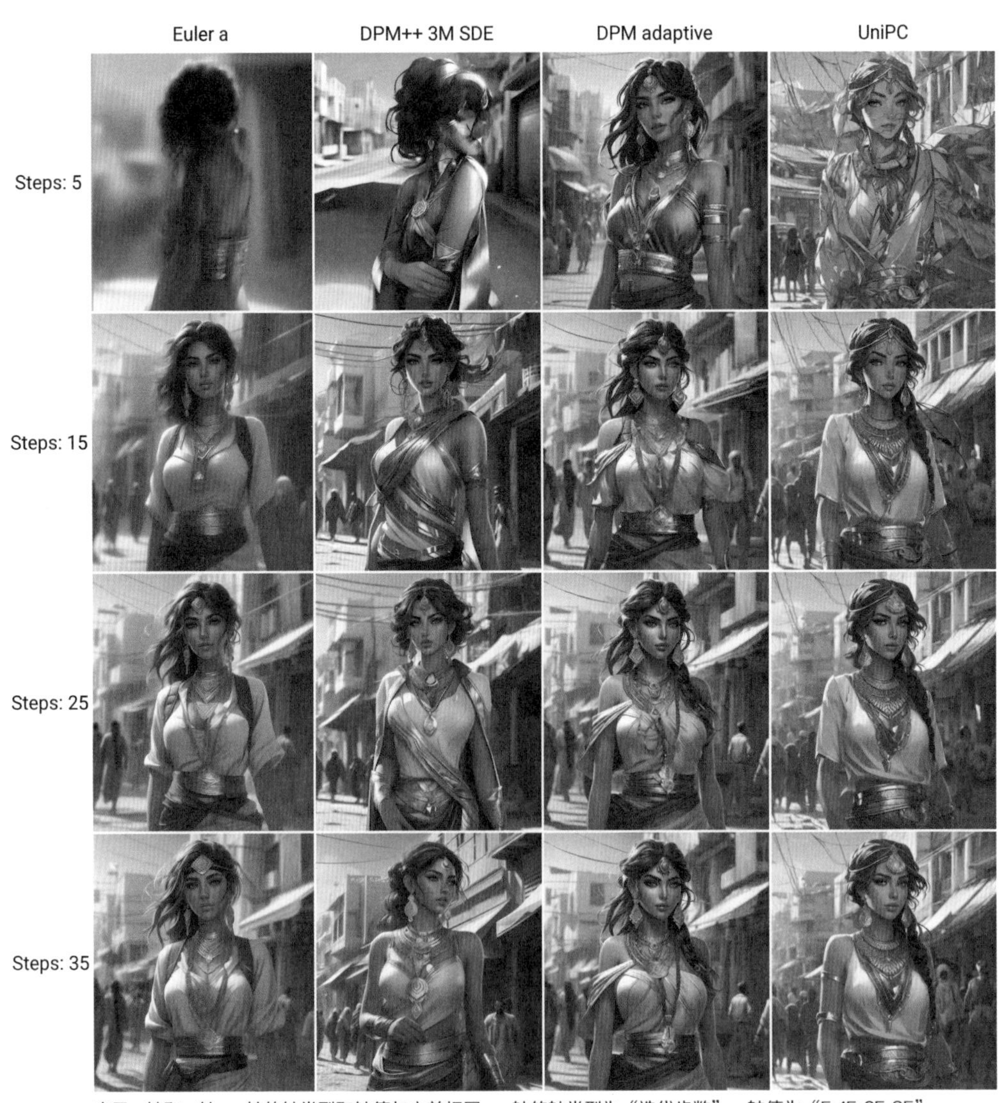

启用 x 轴和 y 轴，x 轴的轴类型和轴值与之前相同，y 轴的轴类型为“迭代步数”，轴值为“5, 15, 25, 35”。

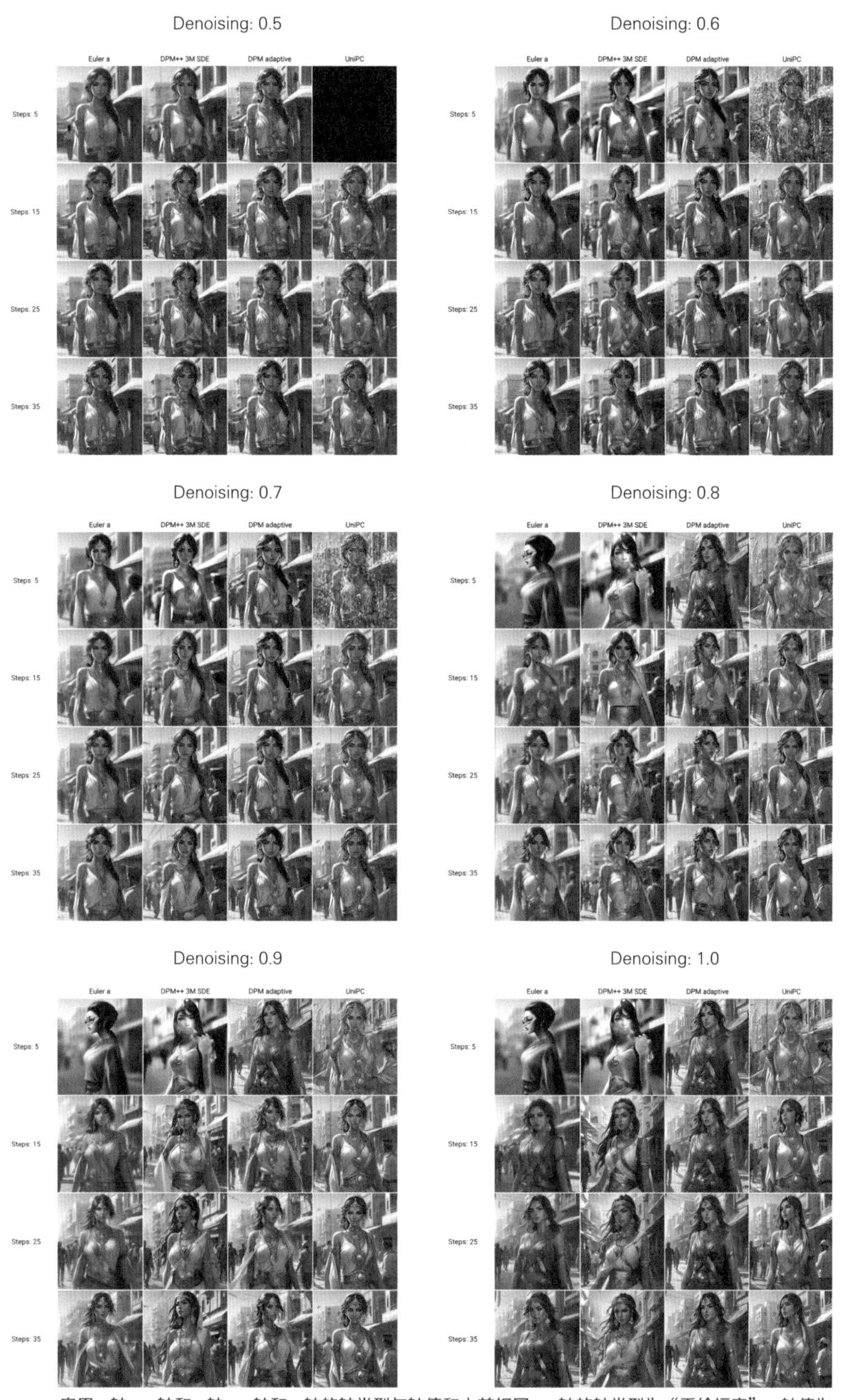

启用 x 轴、y 轴和 z 轴，x 轴和 y 轴的轴类型与轴值和之前相同，z 轴的轴类型为“重绘幅度”，轴值为“0.5, 0.6, 0.7, 0.8, 0.9, 1.0”。

4.3 脚本“回送”

前两个脚本在文生图和图生图界面中均可使用，而脚本“回送”只能在图生图界面中使用。它可以自动把每次生成的图像作为参考图再次生成新图，从而在保持图像内容连贯性的基础上不断进行重绘，进而达到通过反复回送来控制最终图像与原图的相似程度的目的。

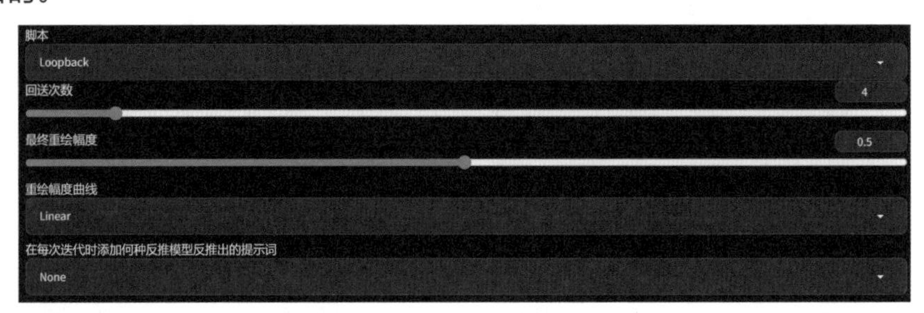

回送次数

该参数是指需要重复自动生成的次数，范围为 1 ～ 32，默认值为 4。如果将其设置为 8，点击“生成”按钮就会得到 8 张图像，而且每张图像都会有所变化，其变化幅度和变化速度则由下面两个参数决定。

最终重绘幅度

该参数是指经过指定次数的回送迭代之后图像最终要达到的重绘幅度。

如果图生图界面的参数中设置重绘幅度为 0.7，这里的最终重绘幅度也是 0.7，两者之间的差值为 0，那么生成的若干张图像的重绘幅度都会是 0.7，使用者也就无法比较不同重绘幅度对应的图像。

如果在上面参数中设置的重绘幅度为 0.5，这里的最终重绘幅度为 0.9，表示通过若干次回送迭代，重绘幅度会从 0.5 增加到 0.9，也就是说生成的若干张图像中，第一张图像的重绘幅度为 0.5，最后一张图像的重绘幅度为 0.9，中间图像的重绘幅度会依次递增。

该参数与重绘幅度参数相配合，既可以控制图像与原图的关联度，又可以控制每次回送迭代时图像的变化幅度，从而达到比较不同重绘幅度对应的图像的目的。

重绘幅度曲线

该参数可以控制回送迭代时重绘幅度变化的速度，包含激进、线性、保守 3 个选项。激进表示重绘幅度变化规则是先快后慢，也就是前几张图像会有较为明显的变化，后面的图像变化幅度较小；线性表示重绘幅度变化是均匀的，也就是所有图像的重绘幅度都以相同的速度增长，变化幅度也大致相同；保守则表示重绘幅度变化规则是先慢后快，也就是前面几张图像的变化幅度较小，后面的图像会有比较明显的变化。

在每次迭代时添加何种反推模型反推出的提示词

该参数用于在每次回送迭代时参考更多的提示词，包含无、CLIP、DeepBooru 三个选项。无表示不参考其他提示词，只根据提示词框中输入的文本和其他参数的设置来生成图像；CLIP 表示除了参考提示词框中输入的文本和其他参数的设置之外，还会参考 CLIP 反推提示词所得出的结果共同生成图像；DeepBooru 表示除了参考提示词框中输入的文本和其他参数的设置之外，还会参考 DeepBooru 反推提示词所得出的结果共同生成图像。从本质上来讲，使用后两个选项就是将对应的反推提示词添加到当前提示词的后面，进而使生成结果更偏向于反推提示词对应的效果。

重绘幅度为 0，最终重绘幅度为 1，回送次数为 8，重绘幅度曲线为 aggressive，参考 CLIP 反推提示词。

重绘幅度为 0，最终重绘幅度为 1，回送次数为 8，重绘幅度曲线为 lazy，参考 DeepBooru 反推提示词。

4.4 后期处理

在后期处理界面中可以对图片进行等比例缩小、放大和修复，其实文生图界面中的高分辨率修复就调用了后期处理的相关功能，只不过这些功能在后台运行，并直接将结果显示在文生图界面的图像框中而已。

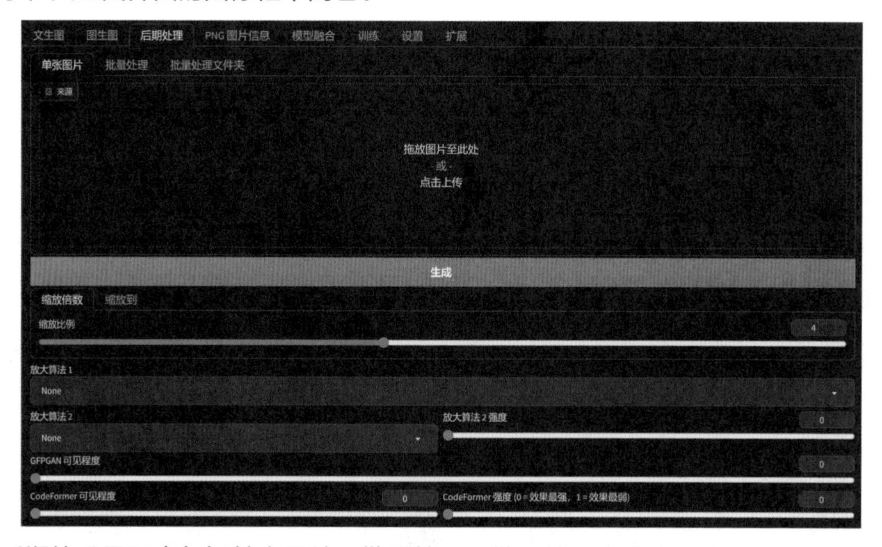

后期处理界面中包括单张图片、批量处理和批量处理文件夹三大功能。顾名思义，单张图片功能用于上传并处理一张图片，批量处理功能用于上传并处理多张图片，而批量处理文件夹功能则用于对整个文件夹中的图片进行批量处理。不论是哪项功能，其参数都是相同的。

缩放倍数和缩放到

缩放倍数用于设置图像按比例缩小或放大的数值，范围为 1～8，默认值为 4，数值可以精确到小数点后两位。

缩放到用于直接设置缩放后图像的宽度和高度，勾选“裁剪以适应宽高比”表示当原图的宽高比与这里所设置的宽高比不同时，会对原图进行裁剪以使输出图与设置相同。比如上传的原图尺寸是 768 像素 ×768 像素，宽高比为 1∶1，如果这里的宽度和高度分别设置为 2048 像素和 1024 像素，即宽高比为 2∶1，那么就会对原图上下两侧进行裁剪以使其适应设置的宽高比，并最终生成尺寸为 2048 像素 ×1024 像素、宽高比为 2∶1 的图片。

如取消勾选该选项，那么就会保持原图的宽高比，并按照所设置的宽度和高度中较大的数值来生成图片，比如保持上面的设置（尺寸为 2048 像素 ×1024 像素），最终就会生成宽高比与原图相同、尺寸为 2048 像素 ×2048 像素的图片。

另外，需要注意的是，在不使用任何放大算法的情况下，是无法生成放大图像的，不论如何设置缩放参数，都只会输出原图。

放大算法

放大算法 1 和放大算法 2 的选项相同，之前介绍高分辨率修复时进行过讲解，这里不再赘述。

放大算法 1
None
✓ 无
Lanczos
Nearest
BSRGAN
ESRGAN_4x
R-ESRGAN 4x+
R-ESRGAN 4x+ Anime6B

放大算法 2 强度

该参数是指在进行放大时放大算法 2 对放大结果的影响，范围为 0～1，默认值为 0，数值越大，结果受到放大算法 2 的影响也就越大。两种算法可以让使用者有更多的选择，由于不同的放大算法会使图像呈现不同的风格，使用该参数既可以中和两种风格去放大图像，也可以让图像更偏向于其中某一种风格。当然也可以只使用放大算法 1，将放大算法 2 设置为无。

原图

放大算法 1：R-ESRGAN 4x+

放大算法 2：Nearest　强度：0.5

GFPGAN 可见程度和 CodeFormer 可见程度

这是两种用于进行面部修复的模型算法，计算原理也基本一致，不同之处在于，GFPGAN 可见程度会使生成图保留更强的纹理感，在颜色上也更忠于原图；而 CodeFormer 可见程度会使面部更加光滑，并且会对颜色进行一定程度的改变。

GFPGAN 可见程度和 CodeFormer 可见程度的范围都是 0～1，默认值都是 0，且都是数值越大，修复程度越高。CodeFormer 强度数值越大，CodeFormer 可见程度起到的作用越小。这表示可以通过调节强度来设置两者对图像产生的作用大小，就像放大算法 1 和放大算法 2 一样，我们也可以单独使用其中一种。

如果不使用放大算法，只单独使用这两种算法，所生成的图像是无法进行缩放的，其尺寸仍然会与原图保持一致。

原图

GFPGAN 可见程度：1
CodeFormer 可见程度：0

GFPGAN 可见程度：0
CodeFormer 可见程度：1

使用批量处理功能可以同时处理多张图像。将多个文件拖动至批量处理框内，或上传多个文件，设置好放大和修复参数后点击“生成”按钮，就可以对上传的所有文件进行批量放大和修复处理。

与使用高分辨率修复生成的图像被存放在文生图文件夹中不同，使用后期处理界面中的单张图片功能和批量处理功能生成的放大图像不会被存放在文生图或图生图文件夹中，而是被单独存放在 extra images，即超分输出文件夹中。

批量处理文件夹功能与图生图界面中的批量处理功能类似，使用者设置好输入目录和输出目录后点击“生成”按钮，让 Stable Diffusion 自动批量处理文件夹内的所有文件，以节省使用者的时间和精力。当然，这里生成的图像不会被存储在超分输出文件夹中，而是被存储在输出目录所指定的文件夹中。

默认勾选“显示输出图像”时，生成的图像都会显示在右侧的图像框中，使用者可以一一查看；取消勾选该项后，右侧的图像框中便不再显示生成的图像，而是只显示生成图像所使用的放大参数。

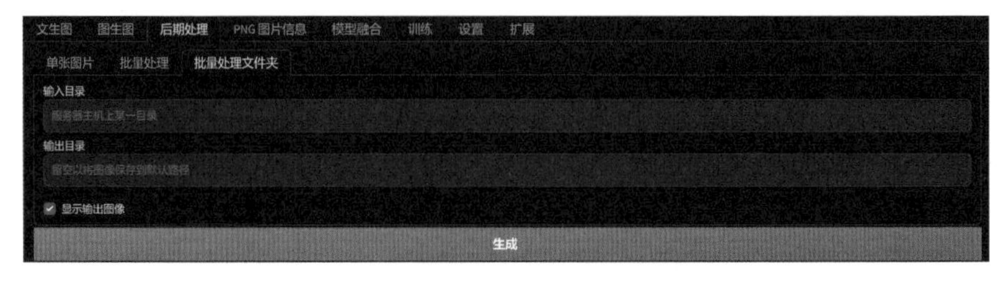

4.5 PNG 图片信息

在 PNG 图片信息界面中，可以展示所有由 Stable Diffusion 生成的图片，包括使用文生图、图生图、涂鸦、局部重绘、涂鸦重绘、上传重绘蒙版、批量处理、后期处理等一系列功能生成的图片，只要将该图片拖放或上传至图像来源框内，右侧就会显示出该图片的各种信息。

显示的信息不仅包括生成该图片所使用的正向提示词和反向提示词，如果使用了预设样式，那么预设中所包含的提示词，以及迭代步数、采样方法、提示词引导系数、随机数种子等一系列参数也会显示出来；如果使用了高分辨率修复、后期处理、脚本等功能，相应的参数信息也会一一显示出来。

有了这一功能，使用者就可以随时查看自己或他人使用 Stable Diffusion 生成图片的相关参数了，还可以使用这些参数去生成类似的图片，也可以对这些参数进行部分修改后再生成新的图片。

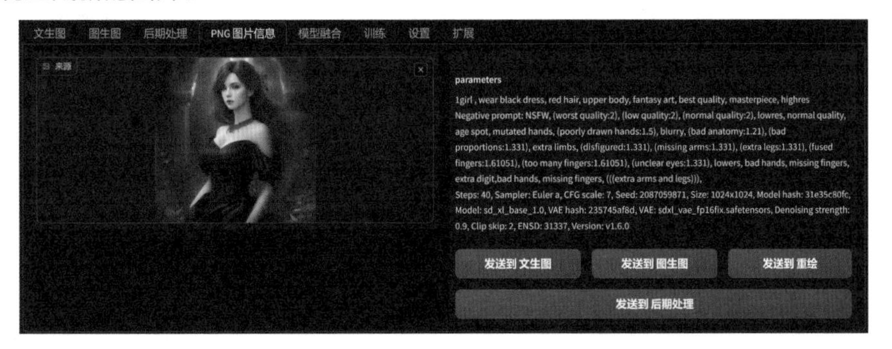

得到图片信息后，可以直接点击右侧的按钮将该图片和相关信息发送到文生图、图生图、重绘或后期处理界面，继续进行下一步操作。发送后，相应界面中的选项和参数都会呈现出与该图片相同的设置，比如提示词框中会填入生成该图片所用的提示词，随机数种子的数值框中会填入该图片的随机数种子。所以在操作时，如果需要做出部分调整，记得在发送之后一一检查参数的设置。

由于该功能只在 Stable Diffusion 内部使用，所以上传的图片必须是由该软件生成的，且不能在其他软件中进行诸如调整大小、颜色等操作，否则便无法被该软件识别。不过，复制、粘贴、重命名是可以的，只要不损害图片本身的信息即可。

第「5」章 Stable Diffusion 模型和扩展插件

Stable Diffusion 本身的功能已经足够令人惊叹，而且还开放了源代码，让更多志同道合的人参与优化。如果你想在使用 Stable Diffusion 时更加得心应手，那么认识模型和扩展插件就是必不可少的。

5.1 模型概述与安装

通过学习，新手应该已经能够使用文生图、图生图等功能满足日常的绘画需求，但随着 Stable Diffusion 功能的逐渐增强，让出图效果变得更好、让设计过程变得更快则成为新手的新目标，这时候，新手就需要了解进阶内容。

模型概述

模型是 Stable Diffusion 在创建图像时预设的风格类型，不同的模型代表不同的风格，如写实、动漫、3D、Q 版等，选择合适的模型后再进行图像生成操作，能使生成的图像和模型具有相同的风格，这样能够更加快速地得到想要的图像，也能让风格的复制和模拟变得非常容易。

模型是如何得到的呢？简单地说，模型制作者会使用大量相同风格的图像去训练某个 AI 绘画软件，让它不断对这些图像进行分析，最终它会记住该类型图像的众多特征，这些过程和结果都会被打包整合到一个文件内，这个文件就是模型。使用者选择该模型后，生成图像时 AI 绘画软件就会将它所记住的特征作用于结果。很多人从网络上复制提示词后却并不能得到与发布者相同的图像结果，原因就在于使用了不同的模型。

在本书第 1 章中我们已经初步了解了模型的相关知识及目前功能最为强大的基础模型——SDXL1.0 模型，但这还远远不够。要知道，SDXL1.0 模型依托于 Stable Diffusion 的基础模型，只要设置不同的风格提示词，它就能给出不同的图片效果。

但是，“广泛”同时也可能意味着它在某个风格上并不“精通”，所以在此模型的基础上，众多模型制作者开发出了各种更适合单个风格的模型。通过加载这些模型，使用者能够更便捷地获得特定风格的图片，而不需要反复试验到底哪个提示词才能准确表达自己的需求。

由此可见，了解模型相关知识对于 Stable Diffusion 的进阶使用是十分重要的。

模型安装

加载模型最简单的方法就是运用秋叶启动器，在启动器初始界面左侧点击“模型管理”选项卡查看当前可以加载的所有模型。

选择模型后，点击“下载”按钮，下载完成的模型文件会存放于启动器文件夹下 models 文件夹内的 Stable-Diffusion 文件夹中，如果是自己在其他网站或社群下载的模型文件，则同样需要存放在该文件夹内。点击“模型管理”界面右上角的“添加模型”按钮，找到并添加下载好的模型文件即可使用。

回到软件主界面，就可以在最上方的 Stable Diffusion 模型下拉菜单中选择相应的模型文件，如果下拉菜单中没有显示已经存放在文件夹中的模型，点击选择框后面的蓝色“刷新”按钮即可。

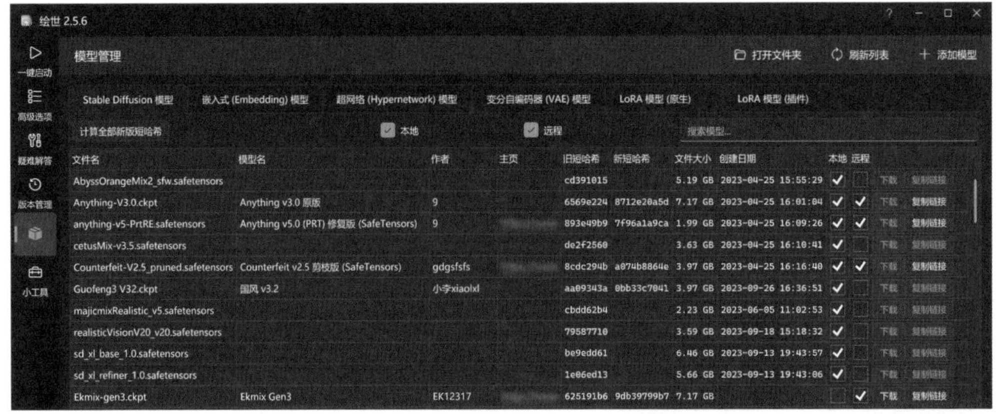

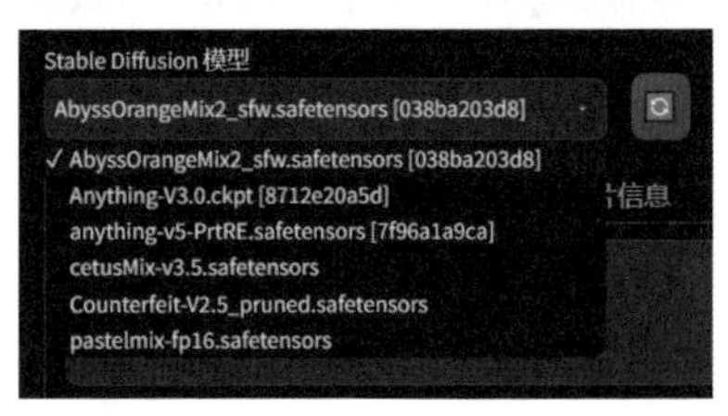

Stable Diffusion 模型下拉菜单左侧还有一个选项——外挂 VAE 模型，这是一种变分自编码器，可以赋予图像一定程度的滤镜和微调效果，因为这种模型的使用者较少，所以提供下载途径的模型制作者也很少。使用者同样可以在启动器初始界面左侧点击“模型管理”选项卡查看它当前可以加载的所有模型，但外挂 VAE 模型可供选择和使用的种类远远少于 Stable Diffusion 模型。目前 Stable Diffusion 开发团队提供了与 SDXL1.0 模型适配的外挂 VAE 模型，大家可以自行选择，当然，由于它所起的作用不是特别大，所以很多人也直接将其设置为无。

除了可以通过启动器初始界面左侧的“模型管理”选项卡选择模型外，还可以在许多网站或社群中找到各种各样的模型，如 HuggingFace、Civitai、Discord、Reddit 等，上传模型的制作者会详细说明并配图展示该模型的风格类型，大家可以根据需要去选择、下载和使用。在众多网站中，笔者最为推荐的是 HuggingFace 和 Civitai。

HuggingFace

HuggingFace，俗称“抱脸”，使用者需要科学上网方能访问。使用者可以在该网站上共享 AI 模型和数据集，所以该网站除了涉及 AI 绘画，还包括许多其他 AI 领域的内容。

在主页中点击最上方的第一个选项——Models，进入模型界面。在最上方的搜索栏中可以搜索模型的名称、制作者或其他信息，在左侧的筛选栏中可以选择模型的相关标签，我们主要使用的是 Text-to-Image 这个标签对应的各种文生图模型。选择其中一个模型后，进入相应的模型界面，Model card 中有关于该模型的图文介绍；点击旁边的 Files and versions 会进入文件下载界面，这里存放了所有与模型有关的文件、源代码等，通常来说，Stable Diffusion 模型文件格式为 .safetensors，外挂 VAE 模型则存放在 vae 文件夹内。点击相应文件后面向下的箭头就可以开始下载文件了，其他文件无须下载。最后将下载完成的文件放置在本地计算机中的相应位置，即启动器文件夹下 models 文件夹内的 Stable-Diffusion 文件夹中，刷新模型的菜单列表就可以使用了。

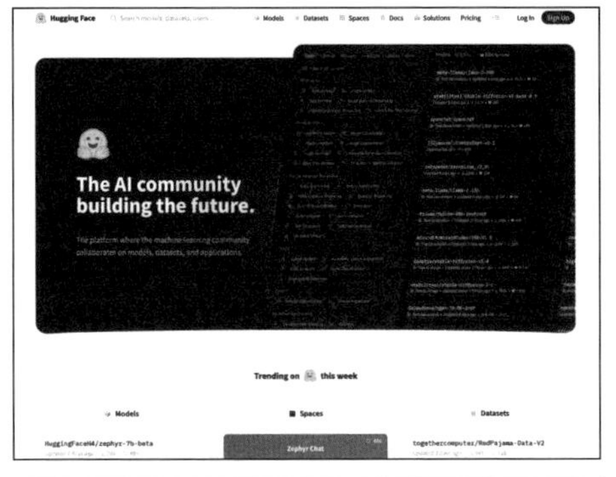

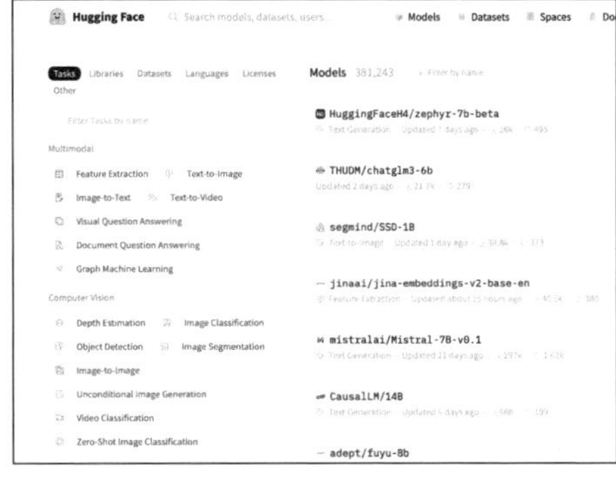

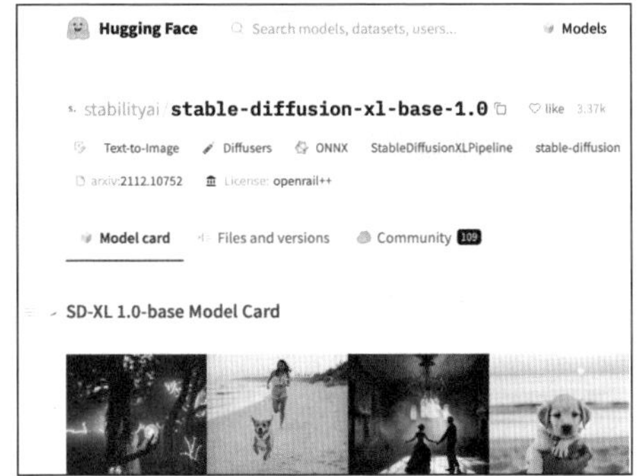

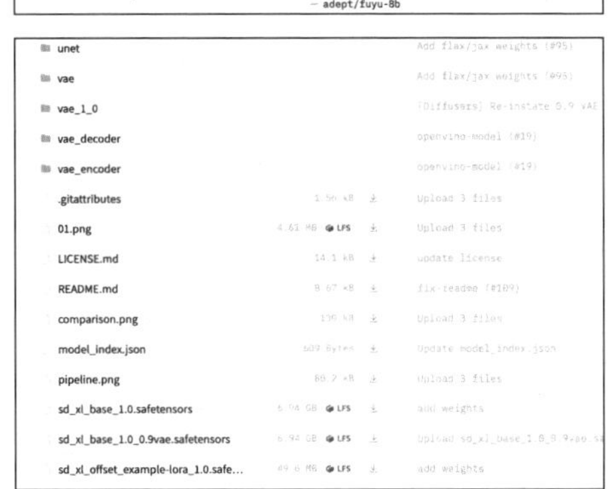

Civitai

Civitai，俗称“C 站”，使用者同样需要科学上网方能访问，它是一个完全用于分享 AI 绘画相关内容的网站，界面也更加简单明了。

主页最上方是搜索栏，可以利用它搜索某个模型的相关信息；搜索栏下方是界面选项卡，其中 Models 和 Images 最常用，前者对应模型界面，后者对应的界面用于展示所有使用 AI 绘画软件制作并上传至该网站的图片。点击 Models 选项卡进入模型界面，就可以看到各模型的展示图、名称、评级等，模型上方是许多筛选标签。

第一个标签是喜好，包括评级最高、下载量最多、收藏量最多、留言最多等选项。

第二个标签是时间，包括一天、一周、一个月、一年和所有时间等选项。

第三个标签是类型，我们只需要关注模型类型、检查点类型、基础模型类型这 3 个。第一个是对模型的再次分类，我们日常所说的 Stable Diffusion 模型基本上都是 Checkpoint 类型的，Hypernetwork、LoRA、Controlnet 这 3 个模型之后也会讲到，其他模型一般不会用到，这里不再赘述；第二个是指模型训练的方式，Trained 是训练者使用大量图像逐步训练出来的模型，Merge 则是将多个模型融合在一起得到的新模型，All 即是两者皆有；第三个是指该模型训练时基于哪个 Stable Diffusion 模型版本，可选可不选。

下方有许多其他选项，包括全部、角色、风格、名人、概念、服装、大模型、姿势、背景、建筑物、交通工具、动物等，这些选项还会被不定时删改，使用者根据需要自由选择即可。

选中某个模型后，进入其相关界面，界面左边会展示数张使用该模型创作的例图，右边大大的蓝色 Download 按钮就是下载按钮，下载之前最好还是向下滑动界面，阅读一下相关信息，尤其是制作者提及的使用该模型时的注意事项，如该模型适合的风格、关键词、分辨率和推荐的适配外挂 VAE 模型，了解了这些信息，使用者使用该模型时也会更加得心应手。

除此之外，点击每张例图或其他上传图片右下角的信息按钮，就可以看到创作该图所使用的提示词、采样方法、随机数种子等一系列信息。对于新手来说，这无疑是一个提供了大量“正确答案”的宝库，新手只需要简单地复制粘贴，便能得到最接近想象的作品。

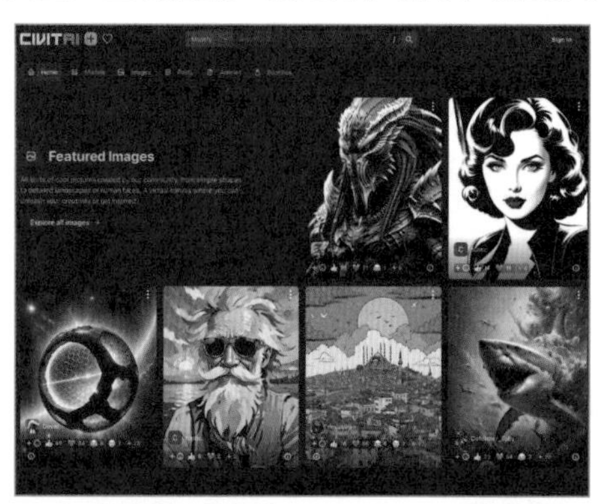

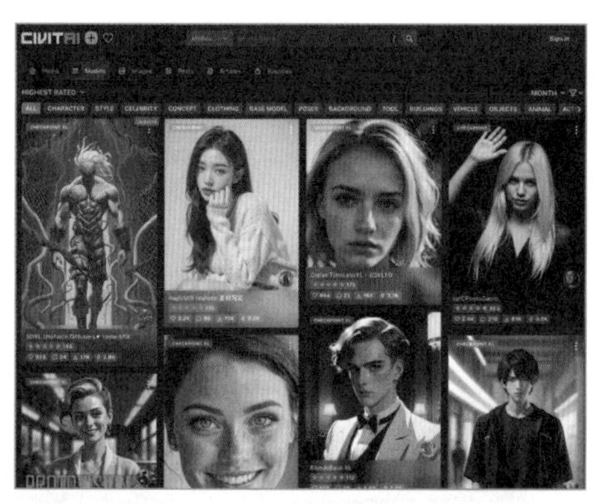

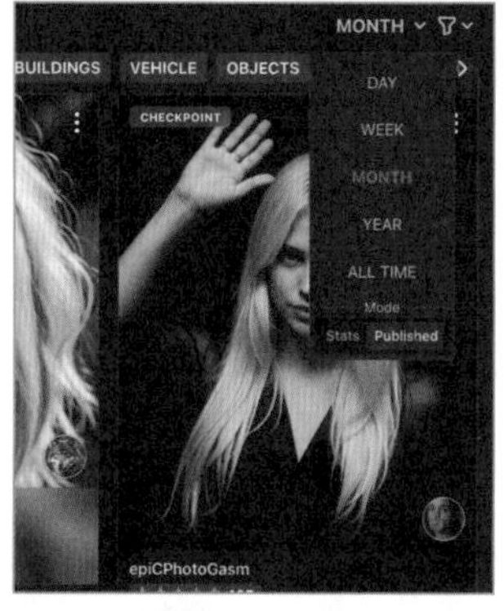

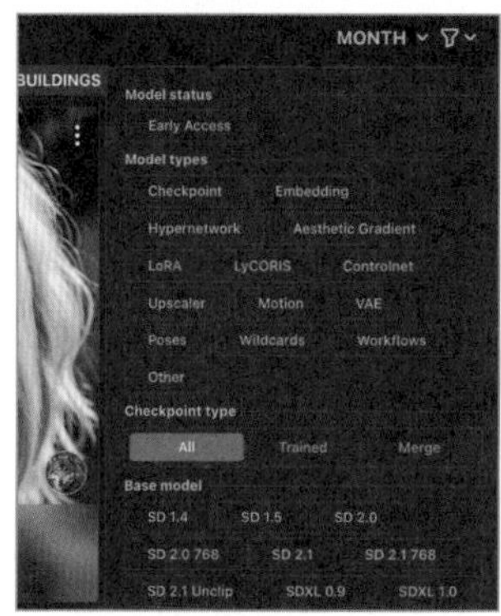

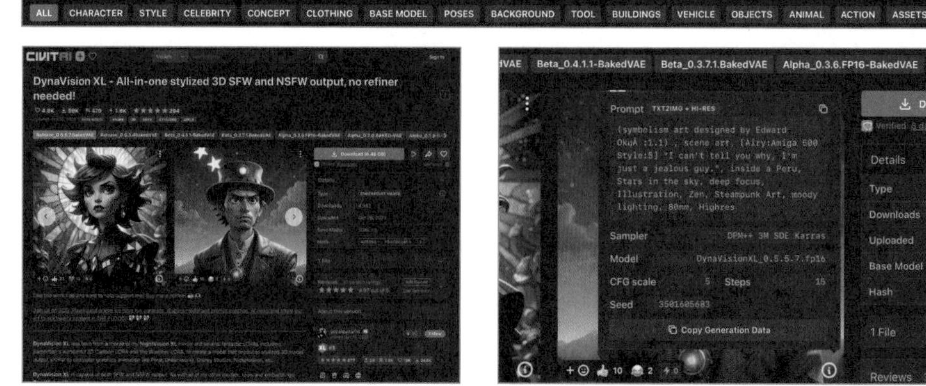

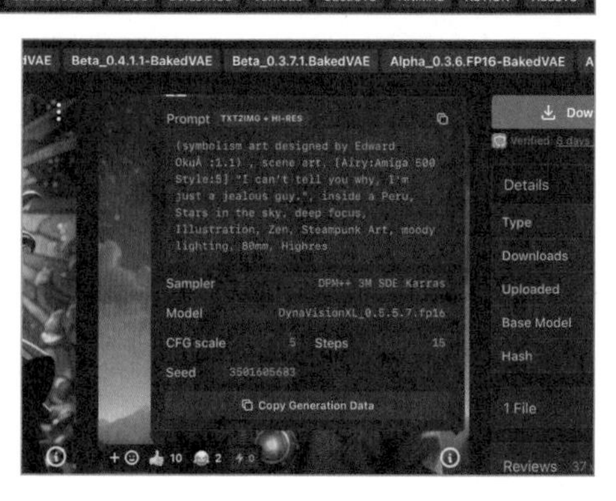

5.2 高人气模型

不论是“抱脸”，还是“C 站”，众多的模型在提供丰富选择的同时，也会让使用者眼花缭乱，甚至浪费时间和精力，同时还可能会将使用者对于 AI 绘画的热情消耗殆尽。为了减少大家试错的次数，这里推荐几款实用的高人气模型。

由于 Stable Diffusion 的基础模型已经升级至 SDXL 1.0 版本，所以这里推荐的模型都与该版本适配，这意味它们能够直接生成分辨率更高、品控更好的图像。

Juggernaut XL

该模型塑造真实人物的能力十分出众，制作者与 RunDiffusion 合作推出了最新版本，其生成的图像在清晰度、皮肤纹理、头发细节等方面又有了很大提升。

使用该模型时，建议将采样器设为 DPM++ 2M Karras，迭代步数设为 30 ～ 40，提示词引导系数设为 3 ～ 9，其使用最小值 3 时，图像看起来更逼真一些，但细节可能会略少一些。由于外挂 VAE 模型已包含在大模型之中，所以最好将外挂 VAE 模型设置为无。

采样器：DPM++ 2M Karras
迭代步数：30
提示词引导系数：8
随机数种子：3482077920

采样器：DPM++ 2M Karras
迭代步数：30
提示词引导系数：7
随机数种子：4053925781

采样器：DPM++ 2M Karras
迭代步数：30
提示词引导系数：7
随机数种子：1395212425

Animagine XL

该模型的训练数据集包含了大量高品质的动漫风格图像，因而它非常适合输出二次元内容。制作者还十分贴心地提供了与其适配的外挂 VAE 模型，使用者只需要将其下载后放置在相应文件夹中搭配使用即可。

使用该模型时，图像的最佳分辨率为 768 像素 ×1344 像素（宽高比为 9:16）、915 像素 ×1144 像素（宽高比为 4:5）、1024 像素 ×1024 像素（宽高比为 1:1）、1182 像素 ×886 像素（宽高比为 4:3）、1254 像素 ×836 像素（宽高比为 3:2）、1365 像素 ×768 像素（宽高比为 16:9）、1564 像素 ×670 像素（宽高比为 21:9）。

使用该模型时应该使用标签式的单词或词组作为提示词，不要使用长句式的自然语言，否则很可能会得到现实风格的结果。另外，善用品控词能够让出图效果更佳。

采样器：DPM++ 2M Karras
迭代步数：25
提示词引导系数：8
随机数种子：1868538454

采样器：DPM++ 2M Karras
迭代步数：28
提示词引导系数：7
随机数种子：1062377591

采样器：Euler a
迭代步数：30
提示词引导系数：10
随机数种子：3751423249

Starlight XL 星光 Animated

该模型擅长塑造 2.5D 风格的动漫形象和半现实主义形象，形象具有丰富的细节和迷人的视觉效果是它最大的特点。

使用该模型时，建议将采样器设为 DPM++ 3M SDE Karras，迭代步数设为 25 ～ 40，提示词引导系数设为 3 ～ 5：数值较低时，图像的细节更精细；数值较高时，图像的色彩更绚丽。

使用该模型时，图像的最佳分辨率为 832 像素 ×1248 像素（宽高比为 2:3）、1360 像素 ×768 像素（宽高比为 16:9）、912 像素 ×1144 像素（宽高比为 4:5）、1024 像素 ×1024 像素（宽高比为 1:1）。

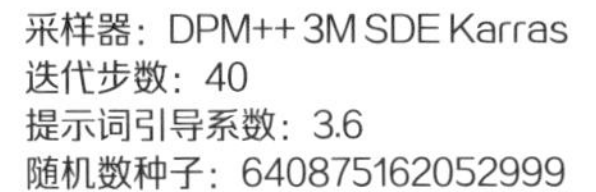

采样器：DPM++ 3M SDE Karras
迭代步数：40
提示词引导系数：3.6
随机数种子：640875162052999

采样器：DPM++ 3M SDE Karras
迭代步数：40
提示词引导系数：5.8
随机数种子：280513731355496

采样器：DPM++ 3M SDE Karras
迭代步数：40
提示词引导系数：3.6
随机数种子：280513731355494

SDXL RongHua

该模型是一个对服装、道具、妆容都进行过特化的国风模型，它并不局限于某一种风格或朝代，而是兼收并蓄，通过不同的提示词标签和提示词组合生成各种风格的图像，比如武侠、仙侠等。

与之前的版本相比，最新版本大大提升了训练数据集的质量，丰富了其种类，并且在平衡性与兼容性上都得到了质的提升。使用时记得将外挂 VAE 模型设置为自动或无，否则出图效果会有严重偏差。

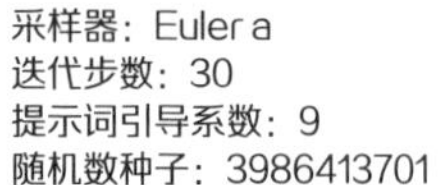
采样器：Euler a
迭代步数：30
提示词引导系数：9
随机数种子：3986413701

采样器：Euler a
迭代步数：30
提示词引导系数：7
随机数种子：2695248543

采样器：DPM++ 2M SDE Karras
迭代步数：30
提示词引导系数：6
随机数种子：2873859233

SDXL Unstable Diffusers

该模型的艺术风格十分强烈，它并不限制生成图的内容，还会提供更好的风格多样性，生成图片的色彩往往具有丰富的类别及高饱和度的外观。最新版本提供了更好的特写镜头效果，使图像中的模糊区域和伪影减少了，加强了对面部的刻画。

使用该模型时，建议将采样器设为 Euler a，迭代步数设为大于 30，最佳分辨率设为 1024 像素 ×1024 像素，搭配 SDXL VAE 模型即可，但不适合加载 SDXL Refiner 模型。

另外，制作者还提供了适合搭配该模型使用的 Lora 模型，其用于制作抽象作品或单个人物形象。

采样器：Euler a
迭代步数：50
提示词引导系数：12
随机数种子：2407955535

采样器：Euler a
迭代步数：50
提示词引导系数：15
随机数种子：321149615

采样器：Euler a
迭代步数：50
提示词引导系数：15
随机数种子：3071819243

5.3 高阶模型

前文讲到的 Stable Diffusion 模型通常被称为大模型，这是因为它们往往体积大、涉及的范围广。接下来我们要了解几款“专而精”的小模型，灵活运用这些体积相对小很多的模型，可以实现针对特定人物、画面风格的控制，轻松绘制出角色三视图、场景三维图等十分专业的内容。

下面介绍的 3 款小模型对应的选项卡都位于文生图界面中的提示词框下方。“生成”选项卡的右侧依次为“嵌入式（T.1. Embedding）”“超网络（Hyernetwork）”“模型”和 Lora 四个选项卡，其中点击“模型”选项卡后就会看到前两节所讲的大模型，点击其他三个选项卡则会看到本节所要介绍的 Embeddings、Hyernetwork 和 Lora 三款小模型。

如果界面中并未显示 Lora 选项卡，则需要到扩展界面中下载或勾选相应类别后点击“应用更改并重启”按钮。

文生图 图生图 后期处理 PNG 图片信息 模型融合 训练 设置 扩展

已安装 可下载 从网址安装 备份/恢复

应用更改并重启 检查更新 停用所有扩展 无 额外 全部

扩展	地址	分支	版本	日期	更新
a1111-sd-webui-tagcomplete	[illegible]	main	a7233a59	2023-10-14 22:19:34	未知
multidiffusion-upscaler-for-automatic1111	[illegible]	main	61c8114b	2023-10-20 19:19:34	未知
sd-webui-additional-networks	[illegible]	main	e9f3d622	2023-05-23 20:31:15	未知
sd-webui-controlnet	[illegible]	main	e382d161	2023-10-26 09:35:02	未知
sd-webui-model-converter	[illegible]	main	5007e6f3	2023-09-28 10:59:04	未知
stable-diffusion-webui-images-browser	[illegible]	main	08fc2647	2023-09-30 13:37:06	未知
stable-diffusion-webui-localization-zh_CN	[illegible]	main	582ca24d	2023-03-30 15:06:14	未知
stable-diffusion-webui-localization-zh_Hans	[illegible]	master	f2e1f515	2023-10-24 19:00:02	未知
随机化	[illegible]	master	3099bef0	2023-10-14 11:38:46	未知
stable-diffusion-webui-rembg		无			未知
stable-diffusion-webui-wd14-tagger	[illegible]	master	3fb06011	2023-09-01 09:36:12	未知
stable-diffusion-webui-wildcards	[illegible]	master	c7d49e18	2023-07-31 04:08:05	未知
LDSR	内置	无			
Lora	内置	无			

Embeddings

其中文名称为“文本嵌入式”，它本身并不包含任何信息或数据，而是通过嵌入式向量对 Stable Diffusion 的索引信息产生影响，使 Stable Diffusion 能够更精准地分析出使用者输入的提示词的意义，令文本描述更具指向性，从而实现各种特殊的出图效果。

使用者既可以在启动器的模型管理界面中选择查看 Embeddings，也可以在网站或社群中搜索查看。需要注意的是，在“C 站”进行筛选时，要选择 Textual Inversion，即文本倒置，就会看到各种属于 Embeddings 的小模型了，选择小模型并下载后，将其放置在启动器文件夹下 embeddings 文件夹内并刷新选项卡中的显示列表即可。如果显示列表中仍然没有显示小模型，那么可能是该小模型与当前使用的大模型并不适配，更换适配的小模型或大模型后再次进行尝试即可。

Embeddings 的概念比较抽象，我们通过两个实例来加以阐述。

第一，Embeddings 可以让出图效果更倾向于某种特定形象，尤其是已经存在的动漫或真人角色，它的使用方法也非常简单，使用者可以直接在提示词框中输入相应小模型的名称，也可以在 Embeddings 选项卡中直接点击该小模型，它的名称就会出现在提示词框中。

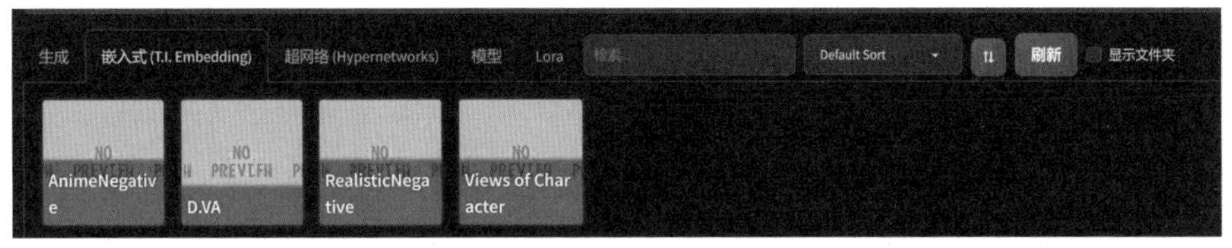

未使用 Embeddings　　使用定向生成角色的“D.VF”Embeddings

为了与其他提示词加以区别并提高其权重，我们往往会为该提示词增加小括号或对应的权重数值，具体加或不加以及加多少，则需要大家在实践中自行探索了。

第二，Embeddings 可以生成某种特定的视图效果，比如角色三视图。使用者只需要使用制作者提供的固定句式并在提示词中加入相应的小模型名称，就可以轻而易举地实现这种效果。

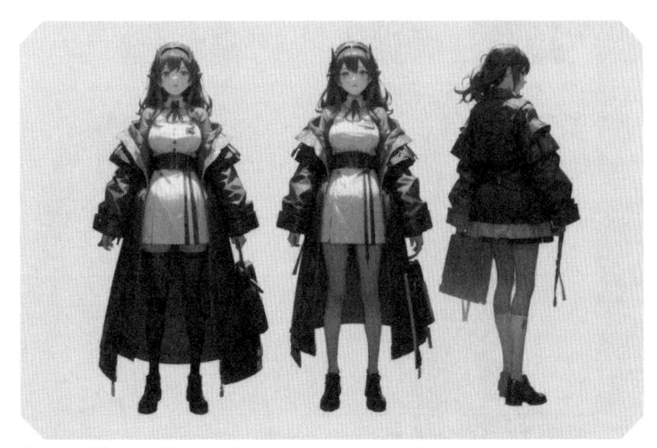

未使用 Embeddings　　使用生成角色三视图的“Views of Character”Embeddings

Hypernetwork

其中文名称为“超网络”，主要用于改变画面风格，虽然前面介绍的大模型和之后要讲的 Lora 都可以控制生成图的风格，但 Hypernetwork 的控制程度更高，它能帮助 Stable Diffusion 识别出差别比较小的风格之间的不同，从而令风格的表现更准确。另外，Hypernetwork 还可以实现特定的艺术风格，如雕塑风格、像素风格、抽象风格、厚涂风格以及某些艺术家作品的特殊风格等。

与 Embeddings 相同，使用者既可以在启动器的模型管理界面中选择查看 Hypernetwork，也可以在网站或社群中搜索查看，选择它并下载后，将其放置在启动器文件夹下 models 文件夹内的 hypernetwork 文件夹中并刷新选项卡中的显示列表即可。

Hypernetwork 的使用方法也非常简单，使用者只需要在 Hypernetwork 选项卡中直接点击相应模型，它的名称就会出现在提示词框中；也可以手动输入，输入内容的格式为 <hypernet: 文件名 :1>，文件名即该模型的名称，数值 1 可以调整，表示该模型的权重。

同样使用一个实例来说明 Hypernetwork 所起到的作用。

未使用 hypernetwork　　使用生成 Q 版人物的“Chibi”hypernetwork

Lora

其英文全称为“Low-Rank Adaptation Models”，中文名称为“低秩模型”。与前两个小模型相比，Lora 无疑更为广大使用者所熟知，它像大模型一样，是由制作者训练出来的，且能够对画面实施各方面的调整，但文件大小却大大减小，这是因为 Lora 是在大模型的基础上进行微调得到的，并且降低了训练门槛，这使得大部分人都可以在本地计算机上训练出属于自己的 Lora，从而促进了 Lora 的多元化。几乎各种类型的 Lora，如人物形象类、画面风格类、服饰特征类 Lora 都可以在“抱脸”或“C 站”中找到。

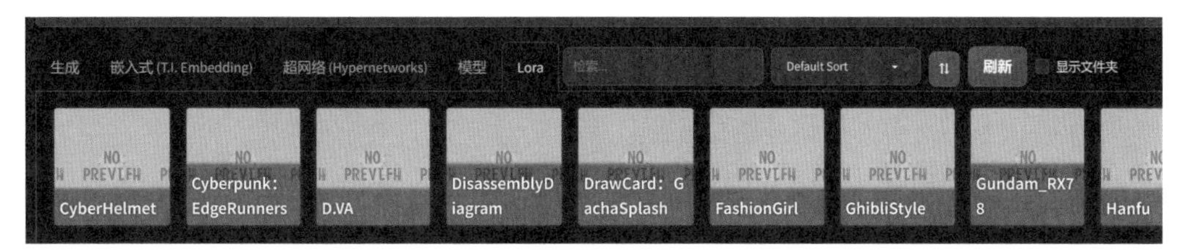

下面结合实例简单介绍 Lora，当然，Lora 的作用不止于此，建议大家自行探索。

第一，人物形象类 Lora。这是目前 Lora 应用最广泛的类型，几乎市面上耳熟能详的漫画、动画、真人形象都能找到对应的 Lora。

未使用 Lora

使用《赛博朋克：边缘行者》中女主角 Lucy 的 Lora

未使用 Lora

使用“赛达尔公主”的 Lora

第二，画面风格类 Lora。这类 Lora 是在其基础上进行特定类别的风格微调，尤其是一些艺术特征十分明显，但又无法被大模型很好识别的风格，Lora 就发挥出了巨大的调节作用。

未使用 Lora　　使用吉卜力工作室风格的 Lora

未使用 Lora　　使用连环画风格的 Lora

未使用 Lora　　使用水墨风格的 Lora

第三，服饰特征类 Lora。虽然在大模型中使用提示词就可以将很多服饰表现出来，但所表现的内容基本上仅限于常规服饰，如果想要生成更具体、更独特的服饰，则往往需要大费周章，要么增加大段关于服饰细节的提示词，要么不断调整不同提示词的顺序、权重、关键词等，即便如此，很可能还是无法使所表现的服饰完全达到心目中的理想程度。针对这种情况，可以使用相应的 Lora，比如古风的汉唐风格服饰、酷炫的赛博机甲服饰、专业领域的工装等。但要注意使用服饰特征类 Lora 时，提示词的权重不能太高，否则可能会喧宾夺主，出现图像中只有服饰而没有人物形象的情况。

未使用 Lora　　使用汉唐风格服饰的 Lora

未使用 Lora　　使用赛博机甲服饰的 Lora

加载和使用 Lora 的方法与前两个小模型相同，唯一不同的是，需要将下载的文件放置在启动器文件夹下 models 文件夹内的 Lora 文件夹中，使用时除了可以直接在 Lora 选项卡中点击相应模型之外，也可以手动输入，输入内容的格式为 <lora: 文件名 :1>。

另外需要注意的是，使用 Embeddings、Hypernetwork、Lora 以及其他基于大模型训练得来的小模型时，它们应当与当前使用的大模型适配，否则很可能无法发挥出应有的作用。如果日常使用的大模型是固定的，那么查找这些小模型时最好将基础模型选中，以免浪费时间。

5.4 扩展插件概述与安装

Stable Diffusion 具有强大的开源功能，众多便利使用者的功能能够以扩展的形式接入其中。接下来我们就一起来学习扩展插件的几种安装方式。

在介绍高阶模型时便提到过扩展界面，但并未详细讲解，这里对该界面中我们可能会用到的功能进行简单的说明。已安装选项卡中会显示所有当前已经安装至 Stable Diffusion 中的扩展插件，通过勾选或取消勾选它们并点击“应用更改并重启”按钮，就可以控制扩展插件的使用状态。

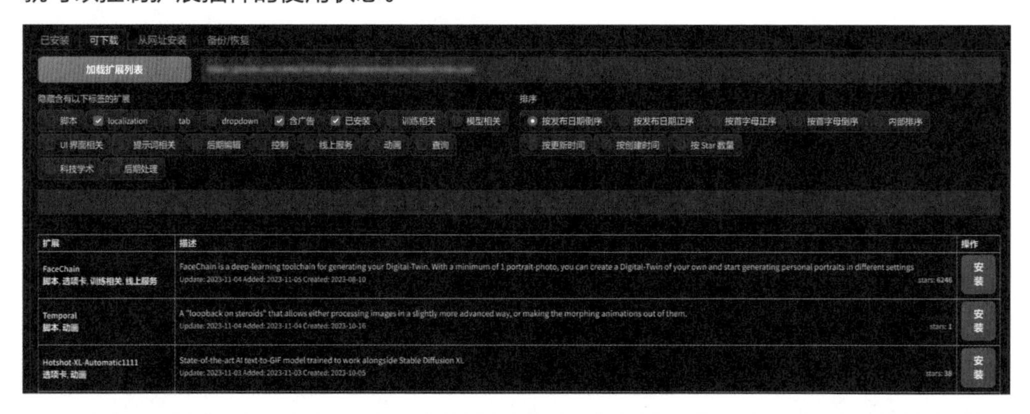

在“可下载”选项卡中，点击“加载扩展列表”按钮，界面就会显示一系列可供安装的扩展插件及它们的简单介绍，在列表上方的搜索框中可以输入扩展插件名称进行查找，点击某个扩展插件后面的“安装”按钮即可将其安装到 Stable Diffusion 内，并使其显示在已安装选项卡中。

在“从网址安装”选项卡中，可以通过将制作者发布在 Github、Gitee 等代码仓库中的扩展插件对应的网址复制到第一个文本框中，再点击最下方的“安装”按钮，实现一键安装。该方式一般在可下载选项卡中的列表无法加载或找不到需要的扩展插件时才会使用。

还有一种安装扩展插件的方式，跟安装模型的方式类似，如果是从网站或社群下载或从别处复制而来的扩展插件的文件夹，可以直接将其放置在启动器文件夹下的 extensions 文件夹内。

不论采用哪种安装方式，都要在完成操作后回到已安装选项卡中，检查该扩展插件是否出现在列表中，勾选并点击“应用更改并重启”按钮后就可以使用该插件了。

5.5 实用的扩展插件

得益于 Stable Diffusion 爱好者的巨大热情，Stable Diffusion 的扩展插件数不胜数。严格地说，之前介绍的 Lora 也算是扩展插件的一种，这里再推荐几款比较实用的扩展插件，大家可以根据需要选用。

图库浏览器

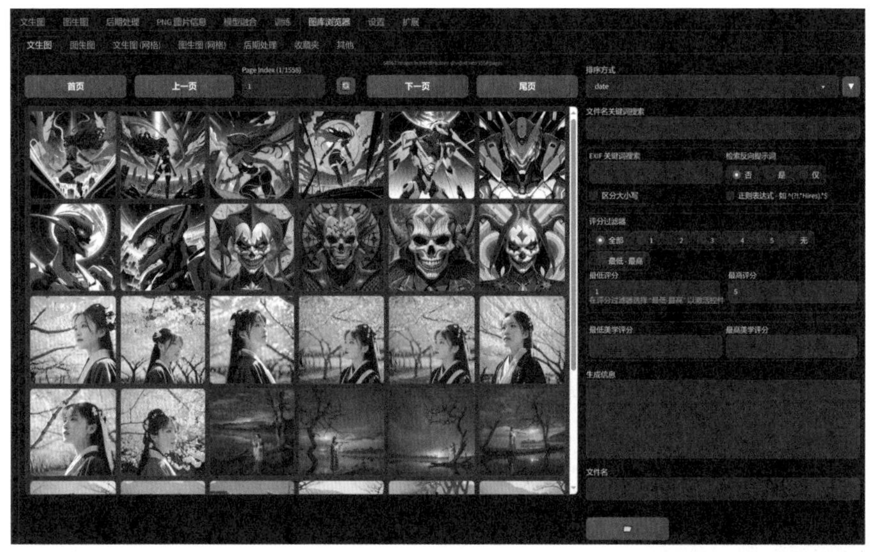

该扩展插件在扩展列表中的名称为 stable-diffusion-webui-images-browser，使用它后，软件中会多出一个图库浏览器界面，里面会展示文生图、图生图、文生图（网格）、图生图（网格）、后期处理等一系列文件夹中的图片。使用者可以通过翻页浏览缩略图，避免在软件和文件夹之间来回切换。

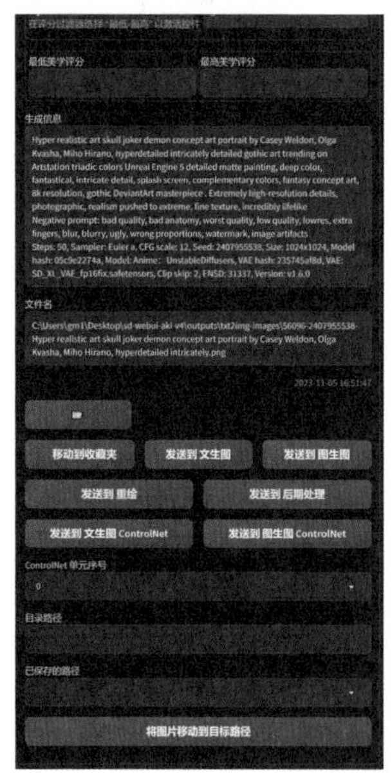

缩略图右侧是用于对图片进行筛选的选项，包括排序方式、文件名关键词搜索、EXIF 关键词搜索等。

当选中某张图片后，图像框内会显示其大图，使用者在图片上方可以对其进行评分操作，在下方则可以进行删除操作。图片右侧会显示该图片的生成信息，包括提示词、迭代步数、采样方法、随机数种子等，还会显示该图片在计算机中的保存路径和名称，并附有一系列发送至其他操作界面的按钮，方便使用者直接对图片进行下一步操作。

提示词补全

该扩展插件在扩展列表中的名称为 a1111-sd-webui-tagcomplete，它可以帮助使用者将未完整输入的提示词补全，比如输入 a，就会出现一个列表，列表中大约包含 15 个以 a 开头或含有 a 的单词或词组，以供使用者选择。使用者选择后，它会自动将其输入提示词框中，同时也会自动加入逗号和空格，方便使用者直接开始输入下一个单词，当然有时这可能也会成为困扰，比如在使用者想要输入短语或长句时。

另外，它还能校正部分提示词的用法，因为有些词汇的日常表达和其在 Stable Diffusion 中的表达是不一样的，比如下方左图中的第六个词组 amber_eyes 表示琥珀色的眼睛，但是 Stable Diffusion 可能无法很好地理解这个词组的含义，使用 yellow_eyes 则会使 Stable Diffusion 更准确地理解。

除了辅助输入提示词之外，它对于一些特定语法的使用也可以起到帮助作用。比如只需要输入 < 就会出现当前所有可用的小模型，其中包括 Lora、Embeddings 和 Hypernetwork，继续输入小模型名称的相关字母，就可以进行筛选；如果输入 <lora:，就会显示所有 Lora，从中选择需要的即可。

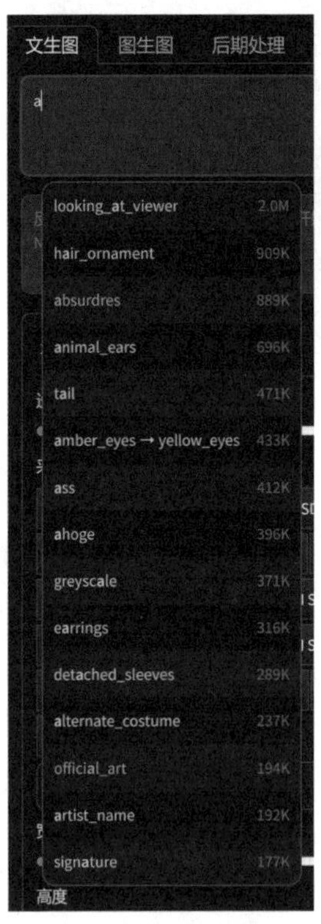

Local Latent Couple

该扩展插件在扩展列表中的名称为 sd-webui-llul，安装后，文生图和图生图界面的参数中会显示相关选项，之后讲到的 Cutoff 和 ControlNet 也会在这里显示。

该扩展插件用于对画面局部进行更精细的处理，生成比原图细节更丰富、内容更准确的图片。当使用 Stable Diffusion 生成了一张整体效果较好，但局部细节略显简单的图片时，可打开 LLuL 选项，勾选“启用”，将图片加载至图像框内，其中深色区域就是即将进行细化操作的蒙版区域，其宽和高均为原图的一半。移动蒙版区域至需要细化的局部，权重范围为 -1 ～ 2，数值越大，修改幅度越大。倍率用于调整蒙版区域的大小，范围为 1 ～ 5，数值越大，蒙版区域越小，实际蒙版区域的大小相当于当前蒙版区域的大小除以该倍率。将图片的随机数种子固定至随机数种子数值框中，再次生成图片就能实现局部细化的效果。

权重为 0.15

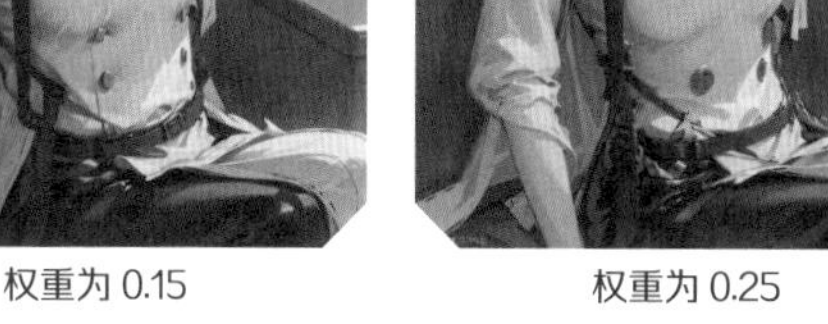

权重为 0.25

权重为 0.35

Cutoff

该扩展插件在扩展列表中的名称为 sd-webui-cutoff，安装后，文生图和图生图界面的参数中会显示相关选项。

Cutoff 能够对提示词进行分割，达到分离控制的效果。在使用 Stable Diffusion 的过程中，很多人都有过这样的经历：当提示词过多时，Stable Diffusion 就会混淆这些词所描述的内容，最常见的例子就是对颜色的控制，Stable Diffusion 会把提示词中关于颜色的内容都反映在画面中，却无法使颜色对应其所形容的对象。举个例子，比如提示词是：

1girl, blue hair, orange hat, white jacket, black tank top, pink skirt,
upper body, city background,

出图结果如下方右图所示，颜色都有了，却并未匹配相应的对象。打开 Cutoff 选项，勾选“启用”，将关于颜色和对象的内容“blue hair, orange hat, white jacket, black tank top, pink skirt”填入分隔目标提示词的文本框中，权重范围为 -1 ～ 2，通常设置在 0.5 左右，可以根据实际情况进行调整。设置完成后再次生成图片，可以看到颜色和对象的匹配程度有了很大的提升。由于 Cutoff 的基本功能已经能够满足日常需求，所以详细设置这里不再深入讲解，大家可以自行尝试。

权重为 0.3

权重为 0.5

权重为 0.75

ControlNet

该扩展插件在扩展列表中的名称为 sd-webui-controlnet，意为“控制网”，顾名思义，它就是为了控制画面内容而生的。在 ControlNet 诞生之前，AI 绘画很大程度上是随机的，我们即便可以通过图生图功能来实现对同一张图的小范围改动，但仍然无法解决如何使用相同信息来绘制不同画面的问题，而 ControlNet 则完美地解决了这个问题，这使得 Stable Diffusion 真正应用于实际的理念向前迈进了一大步。

ControlNet 最重要的一个优点就是“精准控制”。它基本不会影响提示词中其他内容的表达，只针对所设置的对象进行控制，目前已经实现了对于 18 个不同类型的控制，如果再加上使用不同预处理器和多重控制网所产生的复合控制效果，那它所控制的内容更是数不胜数，几乎涵盖了画面控制的方方面面。

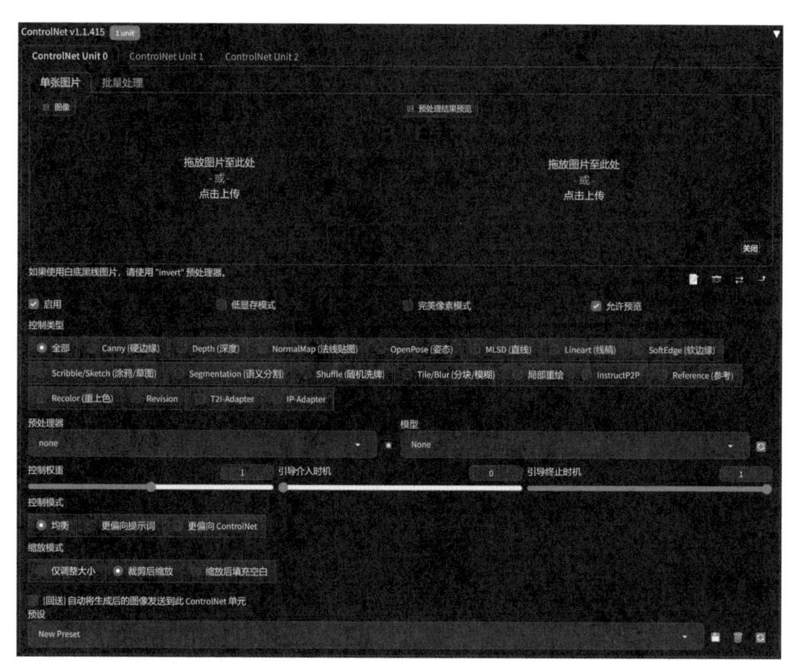

ControlNet 的使用界面简单明了，最上方有三个选项卡，分别是 ControlNet Unit0、ControlNet Unit1 和 ControlNet Unit2。当只需要使用一个控制类型时，在其中一个选项卡中勾选“启用”即可；当需要同时使用两个或三个控制类型时，则在两个或三个选项卡中都勾选“启用”。

低显存模式：计算机显卡性能一般时，勾选该项可以有效减轻显卡的负担，但 ControlNet 处理图像的速度会相对变慢。

完美像素模式：可以自动计算最适合某个预处理器的图像分辨率，勾选后可以有效避免尺寸问题导致的图像模糊和变形，因此推荐勾选此项。

允许预览：不勾选则只有一个上传图像框，勾选后右侧会出现预处理结果预览框，如果需要提前查看预处理结果是否符合要求，推荐勾选该项。

控制类型：显示了当前版本的 ControlNet 可以控制的 18 个类型，当选择某个类型时，下方的预处理器和模型则会将当前类型对应的选项筛选出来以供选择。当选择全部时，则预处理器和模型中会列出当前所有可用的选项。所以该参数相当于起初筛的作用，可以避免使用者在众多预处理器和模型中手忙脚乱地寻找。

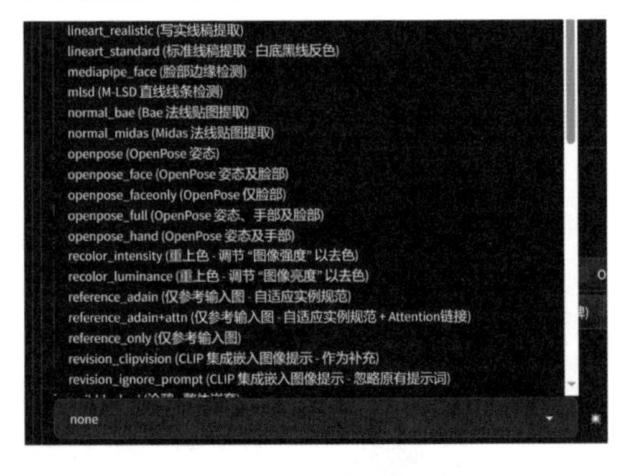

预处理器：从下拉菜单中选取与控制类型相匹配的预处理器，预处理器的数量要远远多于控制类型，因为有的控制类型可能会有多个对应的预处理器，比如 openpose 就包含 openpose、openpose_face、openpose_faceonly、openpose_full、openpose_hand 这 5 种不同的预处理器。使用者根据需要选择即可。点击选项框后方的爆炸按钮，就会在预处理结果预览框中看到预处理后生成的节点图。

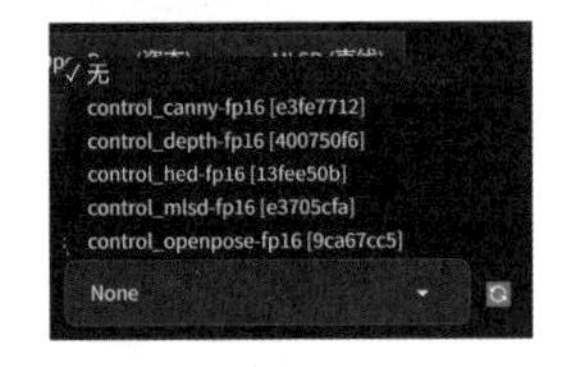

模型：从下拉菜单中选取处理不同控制类型时所需要的模型，其在默认情况下有 5 种。如果从网站或社群中下载或从别处复制了其他模型，直接将模型存放在启动器文件夹下 models 文件夹内的 controlnet 文件夹中并刷新选项卡中的显示列表，就可以看到新模型对应的选项了。

控制权重：该参数决定了当前选择的控制类型在生成图像时所呈现出的强度，数值范围为 0 ～ 2，数值越大，强度也就越大，一般情况下使用默认值 1 即可。

引导介入时机和引导终止时机：这两个参数决定了在图像生成过程中加入和停止使用 ControlNet 的时机，数值范围均为 0 ～ 1，默认值分别为 0 和 1，代表在图像生成的全过程都会使用 ControlNet 进行控制。通过增大引导介入时机的数值或减小引导终止时机的数值，可以让 ControlNet 仅在前期、后期或中期起控制作用，从而赋予图像更高的自由度。

控制模式：该参数用于设置生成结果的偏向，在提示词和 ControlNet 之间有所取舍，通常情况下会使用默认的均衡模式，以达到兼顾两者的效果。

缩放模式：3 个选项的含义与之前讲过的内容相同，只不过该参数在这里是指 ControlNet 的上传图片与生成图的尺寸大小不同时的操作模式。为了保证控制效果，我们一般会对上传图片进行调整，使其与生成图的尺寸保持一致，避免出现伸缩或裁剪等情况。

回送：通常用于生成连续场景，日常使用时默认不勾选即可。

预设：使用者可以将自己针对某类型图片常用的固定参数存储为预设，下次想要使用时直接调用即可，不用再一一设置参数。

虽然不同控制类型和不同预处理器可能会新增一些参数，但绝大多数情况下保持默认设置就能满足使用要求，不需要多做更改，所以这里就不对这些参数展开细讲了，感兴趣的读者可以自行探索。

ControlNet：OpenPose

在 ControlNet 的众多控制类型之中，OpenPose 应该是使用频率最高的。在使用 Stable Diffusion 的过程中，“画”人物绝对是最常见的场景。不论是真人，还是二次元人物，OpenPose 都能精准识别出动作；不管风格、背景、服饰等其他因素怎么改变，OpenPose 都可以使其动作保持不变。

选择控制类型、预处理器和模型均为 OpenPose，上传一张人物图片，点击“爆炸”按钮，可以看到预览框中给出了人物动作的节点图。接着在提示词框中输入提示词，设置模型和其他相关参数，点击“生成”按钮，就会得到人物动作与该动作相似的其他图片。

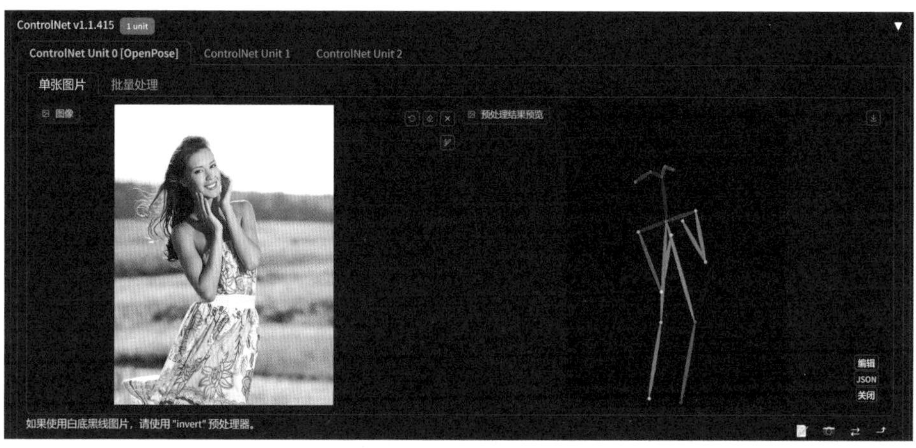

除了 openpose，预处理器中还包括 openpose_face、openpose_faceonly、openpose_full、openpose_hand。其中，openpose_face 会给出更精细的面部节点，包括面部的轮廓、五官的位置和形态，从而实现对人物具体表情的展现，而不再仅依靠提示词中关于表情的内容来随机生成相关画面；openpose_full 则是对面部、手部和身体都进行控制，其预览图会呈现出所有相关的节点，生成图中的人物与参考图中的人物在动作、神态、手势方面都十分相似；openpose_hand 则会给出手部每个指关节的位置节点，从根本上解决 Stable Diffusion 不会画手的问题。

ControlNet：Depth

depth 是深度的意思，意味着它可以对图像的深度进行控制，所以一般应用于场景模拟。它可以识别图片中不同物体间距离的远近，从而形成一张黑白色的深度图，颜色越深，代表不同物体间的距离越远。

选择控制类型和模型均为 Depth，预处理器中有 depth_leres、depth_leres++、depth_midas、depth_zoe4 个选项，其中 depth_leres++ 的处理精细度最高，depth_leres 次之，depth_midas 更低，depth_zoe 最低。但处理精细度越高，耗费的时间也会越长，大家应根据需要进行选择。

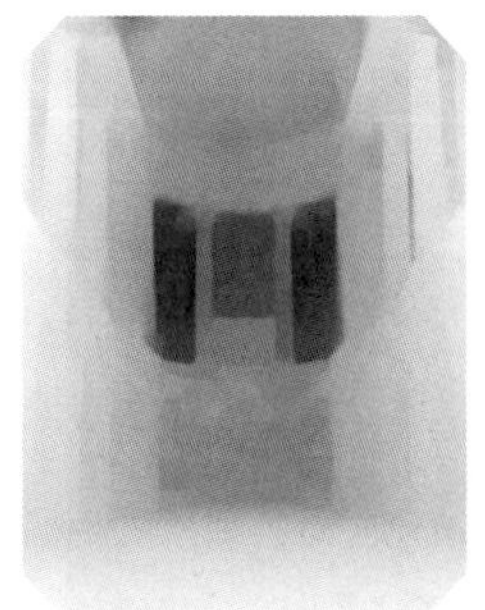

depth_leres

depth_leres++

depth_midas

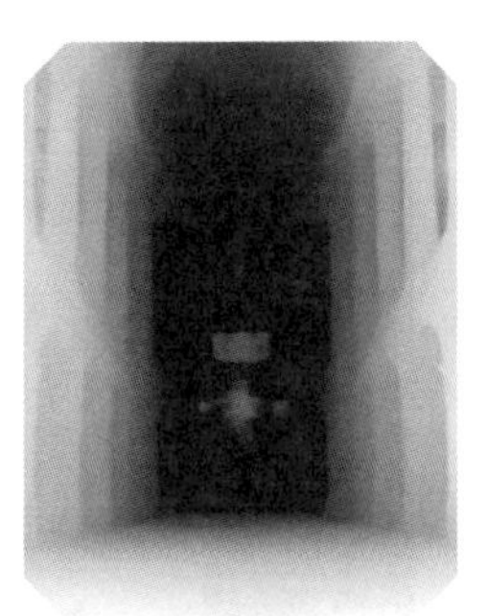

depth_zoe

上传一张场景图片，选择预处理器为 depth_leres++，点击“爆炸”按钮，可以看到预览框中给出了深度图。接着在提示词框中输入提示词，设置模型和其他相关参数，点击“生成”按钮，就会得到与该深度图类似的其他图片。

原图

深度图

ControlNet：Canny

Canny 用于提取图片中各个元素的边缘特征，因此被称为“边缘检测算法”。由于可以检测几乎所有图像的外形特征，应用场景十分广泛，因此作者认为它是 ControlNet 中最重要的控制类型。Canny 可以很好地对许多造型比较复杂、细节比较丰富的元素进行识别，从而可以更好地控制外观并进行还原。

选择控制类型和模型均为 Canny，预处理器中有 invert 和 canny 两个选项。invert 专门用于处理白底黑线的线稿图像，由于 ControlNet 识别图像时会将黑色识别为背景，白色识别为边缘，因此所有白底黑线的线稿图像都需要先使用 invert 进行反相处理，再进行其他操作，否则识别效果会比较差。其他图片则可以直接选择 Canny。

上传一张图片，选择预处理器为 Canny，点击“爆炸”按钮，可以看到预览框中给出了轮廓图。接着在提示词框中输入提示词，设置模型和其他相关参数，点击“生成”按钮，就会得到与该轮廓图类似的其他图片。

原图

轮廓图

选择控制类型为 Canny 时，下方会出现两个参数，它们分别是低阈值和高阈值，前者用于控制暗部识别值，后者用于控制亮部识别值。当有些线条未被识别时，可以适当调低这两个数值，让更多明暗差异较小的边缘被识别；如果识别到的线条过多，导致画面比较杂乱，则可以适当调高这两个数值，将一些对比不太强烈的边缘忽略。

ControlNet：SoftEdge

SoftEdge 意为“软边缘”，和 Canny 的原理、作用类似，都用于检测图片中各个元素的边缘，但选择 SoftEdge 要比选择 Canny 得到的边缘更柔和，其呈现出一定的模糊状态。这种较为柔和的边缘降低了使用者对图片的控制能力，从而赋予了 Stable Diffusion 更高的自由度，出图效果会更具创意。所以当需要更多相似的细节时就选择 Canny，想要让 Stable Diffusion 有更大的发挥空间就选择 SoftEdge。

原图

SoftEdge 轮廓图

Canny 轮廓图

SoftEdge 在以前的版本中名为 HED，所以这里选择控制类型为 SoftEdge，模型则还是 hed。预处理器中有 softedge_hed、softedge_hedsafe、softedge_pidiNet、softedge_pidinetsafe 这 4 个选项，它们分别代表了 HED、保守 HED、PiDiNet 和保守 PiDiNet 这 4 种算法，其中 HED 的检测质量要高于 PiDiNet，另外两个则分别是二者的精简版。当然，精度越高，所需时间就越多，对于显存的要求也就越高，所以使用时要根据实际情况进行选择。

选择预处理器为 SoftEdge_hed，点击“爆炸”按钮，可以看到预览框中给出了轮廓图。接着在提示词框中输入提示词，设置模型和其他相关参数，点击“生成”按钮，就会得到与该轮廓图类似的其他图片。

ControlNet：Scribble/Sketch

Scribble/Sketch 译为中文就是涂鸦 / 草图，它同样可以用于检测图片边缘。相比 Canny 和 SoftEdge，使用它所生成的轮廓图更加自由粗犷，甚至比小孩子乱涂乱画的简笔画还要简单粗糙，这也意味着 Stable Diffusion 将掌握更多的控制权。

原图

Scribble/Sketch 轮廓图

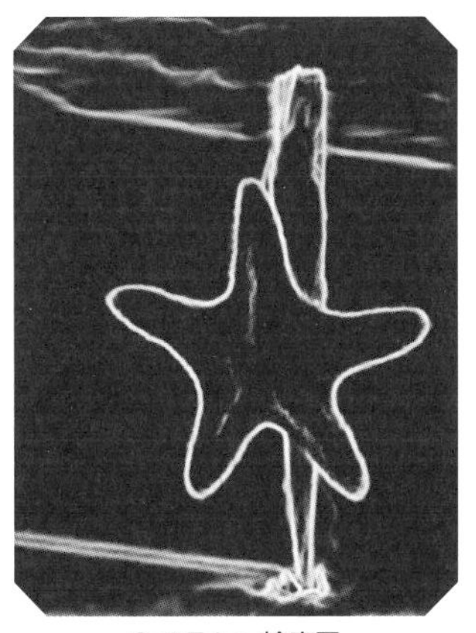

SoftEdge 轮廓图

选择控制类型为 Scribble/Sketch，由于原理类似，模型可以选择 Canny 或 hed。选择前者会更接近轮廓图；选择后者，生成图则有更高的自由度。预处理器中有 scribble_hed、scribble_pidinet、scribble_xdog、t2ia_sketch_pidi 这 4 个选项，它们分别代表了整体嵌套、像素差分、强化边缘和文本到图像 4 种算法，通常情况下选择 scribble_hed 即可。

Scribble/Sketch 的独特之处在于，如果提示词写得中规中矩，就会得到与参考图类似的图片；如果提示词创意十足，那么 Stable Diffusion 很可能会生成令人意想不到的图片。

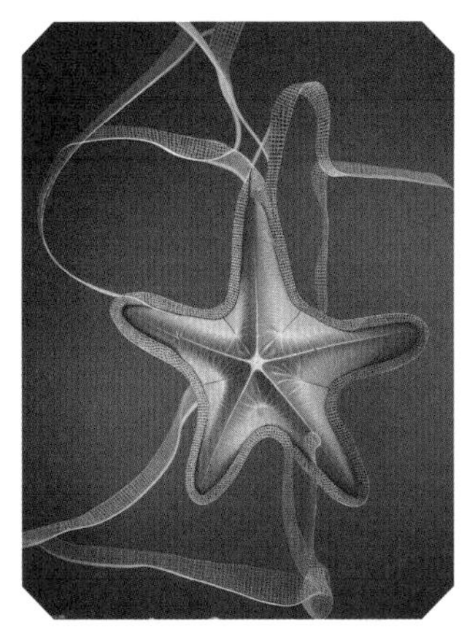

第「6」章

Stable Diffusion 典型风格案例实战

学习了关于 Stable Diffusion 的理论知识，如何在实践中应用这些知识，真正地将 AI 绘画融入我们日常的工作和生活便成为大家关心的事情。本章将以具有代表性的 4 个案例来展示 Stable Diffusion 是如何让绘画与设计变得更简单的。

6.1 超文艺——人物摄影

纵观 AI 绘画发展史，最大的难题其实就是对真实世界的重现。以前的 AI 绘画软件在描绘真实世界，尤其是在“画”真人时，总是会出现各种各样的问题，比如五官扭曲、多臂、少臂、多腿、少腿、多指、少指或手型不对等，让人一眼就能看出图片是由 AI 绘画软件所画，而非真实照片。但随着 AI 绘画的发展，各种模型能力增强，以及大量致力于纠正画面错误、塑造画面真实感的扩展插件陆续问世，让 AI 绘画软件“画出”照片已经变得越来越简单。即便如此，大家还是需要用对、用好这些工具，才能制作出足以以假乱真的图片。

首先，向大家介绍两个专为重现真实世界而训练的且广受使用者好评的大模型。一个名为“majicMIX realistic”，能够生成精度非常高的人像，画面质感和皮肤纹理都十分细腻，它擅长生成带有明显东亚面孔特征的人物。

另一个名为“A-Zovya Photoreal”，它生成的图片更生活化，可能人物看上去没有那么出彩，但真实性更强。该模型在对材质细节和光照的表现上非常出众。

接着，向大家推荐一个专门用于为人物修整面部和手部的扩展插件——ADetailer。直接在 Stable Diffusion 的扩展界面中搜索该插件，安装并重启后，它就会像 ControlNet 一样出现在文生图和图生图界面中。

在绘制人物的半身像、全身像，或是某个场景中并不占据主要地位的人像时，经常会遇到人物面部模糊或扭曲、四肢和手部效果不佳等情况，这是由于当某些部分在整张图片中占比较小时，AI 绘画软件就无法顾及这些细节，这一问题在很大程度上成为区分真假照片的关键所在。ADetailer 可以智能地识别画面中人物的面部和手部等容易出错的地方，并对这些地方进行重绘，之后将其贴回原图之中，从而一次性完成生成和修整两大环节。

原图的整体图

原图的局部图

使用 ADetailer 生成的局部图

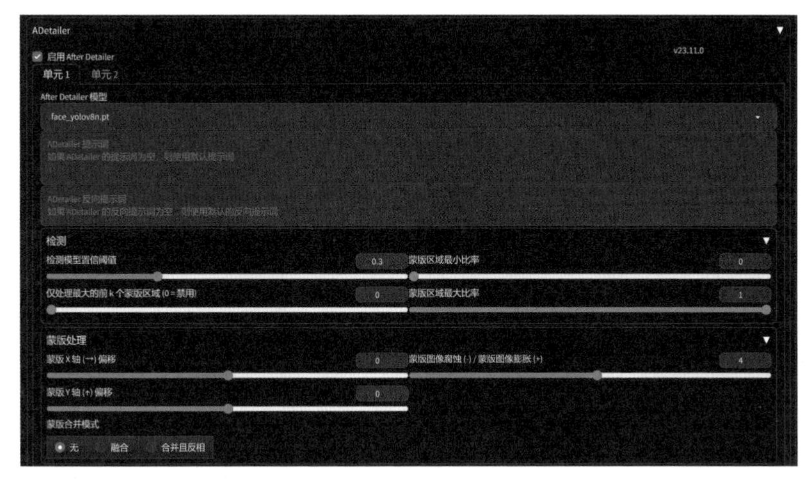

打开 ADetailer，勾选“启用 After Detailer”后该扩展插件才能发挥作用。上方有两个选项卡，它们分别是“单元 1”和“单元 2”。当只需要调整一个对象时，在一个选项卡中选择模型即可；需要同时调整两个对象时，则需要在两个选项卡中都选择相应的模型。

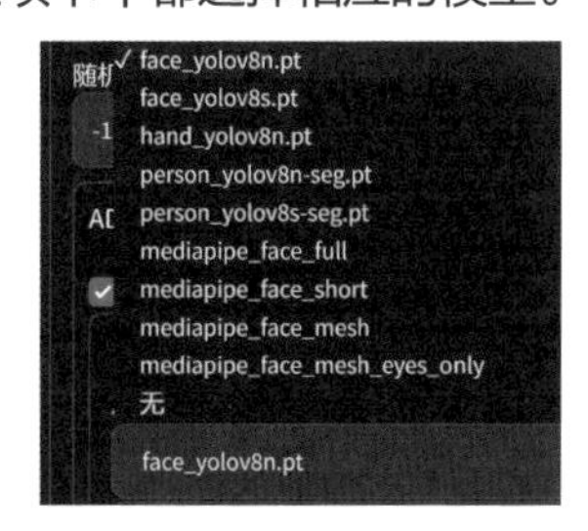

After Detailer 模型：默认情况下有 9 个选项。前 5 个既可以用于识别二次元人物，也可以用于识别真人；后 4 个则专用于识别真人。使用者应根据需要识别的对象，如面部、手部、人物整体、眼部来进行选择。另外，还可以去制作者的开源界面下载更多其他类型的模型，将下载好的模型存放在启动器文件夹下 models 文件夹内的 adetailer 文件夹中即可。

通常情况下，选择好模型，其他参数保持默认设置就可以直接开始出图了。如果有额外的需求或默认设置不能满足当前要求，就需要对其他参数进行调整，它们决定了 ADetailer 识别对象区域和进行后续操作的方式。

提示词：ADetailer 提供了正向和反向两个提示词框，其中的提示词仅对 ADetailer 识别的重绘区域生效，重绘区域对应上述模型选中的对象区域。如果不输入提示词，Stable Diffusion 则会按照生成整体图时所用的提示词来进行重绘；也可以输入关于面部表情、五官特征、手部动作等具有针对性的提示词，还可以输入诸如 detailed face、close-up、portrait 等品控词。

检测：4 个参数中一般只需要调整“检测模型置信阈值”，该参数用于控制识别对象时的阈值，数值范围为 0 ～ 1，默认值为 0.3。如果 Stable Diffusion 无法识别画面中的对象，则适当减小该阈值；如果 Stable Diffusion 识别到过多的对象，把某些与对象类似的元素也进行了重绘，则适当增大该阈值。

蒙版处理：当 Stable Diffusion 识别得不够准确时，如果能够大致判断识别区域的偏移位置，可以使用“蒙版 x 轴偏移”控制蒙版向左 / 右移动，正数为右移，负数为左移；或使用“蒙版 y 轴偏移”控制蒙版向上 / 下移动，正数为上移，负数为下移。如果想要缩小或扩大识别区域，可以使用“蒙版图像腐蚀” / “蒙版图像膨胀”，正数为膨胀，即扩大识别区域；负数为腐蚀，即缩小识别区域。

人物摄影效果展示

模型：majicMIX realistic
采样方法：DPM++ 2M Karras　迭代步数：50
提示词引导系数：5.5　随机数种子：547340655

模型：majicMIX realistic
采样方法：DPM++ 2M Karras　迭代步数：35
提示词引导系数：7　随机数种子：7280920035

模型：majicMIX realistic
采样方法：Euler　迭代步数：40
提示词引导系数：7　随机数种子：7682581484

模型：majicMIX realistic
采样方法：Euler　迭代步数：30
提示词引导系数：73　随机数种子：72452072

模型：A-Zovya Photoreal
采样方法：DPM++ 2M Karras　迭代步数：35
提示词引导系数：6.5　随机数种子：61701127

模型：A-Zovya Photoreal
采样方法：Euler a　迭代步数：22
提示词引导系数：6　随机数种子：602278252

模型：A-Zovya Photoreal
采样方法：Euler a　迭代步数：50
提示词引导系数：7　随机数种子：1472957555

模型：A-Zovya Photoreal
采样方法：DPM++ 2M Karras　迭代步数：42
提示词引导系数：4　随机数种子：3372102232

6.2 超炫酷——特效艺术字

Stable Diffusion 发展至今，尽管 SDXL 1.0 模型已经初步具备了“写字”的能力，但字母错乱、顺序颠倒的问题还是不可避免，英文单词尚且如此，更何况汉字。

尽管 Stable Diffusion 无法直接生成可用的文字，我们却可以借助它来实现文字的各种特效，从而让它化身字体设计小帮手，这需要用到之前讲过的扩展插件——ControlNet。

使用 ControlNet 制作特效艺术字只需要 3 步。

第一步，在其他设计软件中制作一张白底黑字的文字图，或者在 word、Power Point 等办公软件中输入文字并截屏。

艺术字

第二步，将该文字图上传至 ControlNet 的图像框中，选择合适的控制类型、预处理器和模型，设置合适的权重、引导介入和引导终止时机，然后点击爆炸按钮查看预览图。

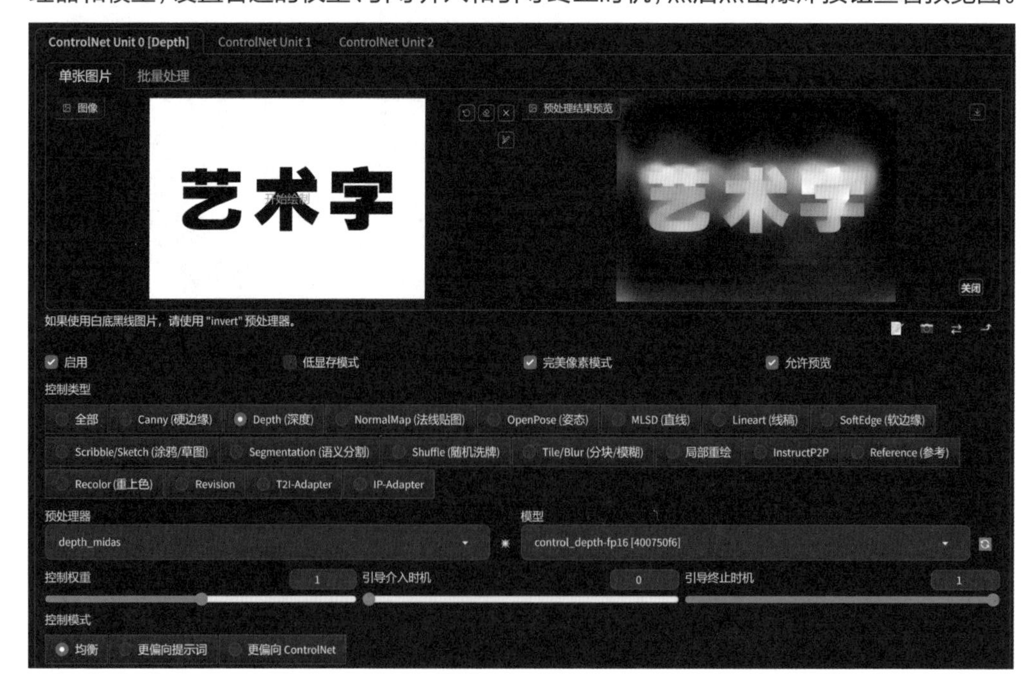

第三步，选择需要的 Stable Diffusion 模型，书写正向和反向提示词，设置相应的图片生成参数，点击“生成”按钮即可。

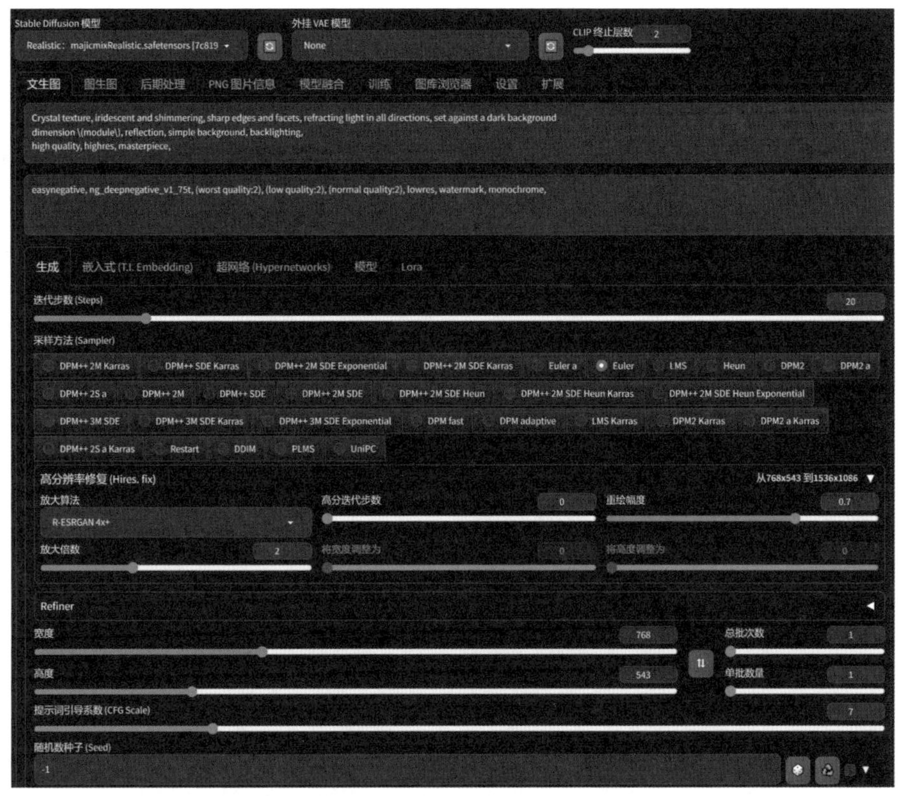

制作特效艺术字时，除了 Stable Diffusion 模型和图片尺寸之外，最重要的两个人为可控因素就是提示词和 ControlNet 的参数。

提示词一般分为 3 个部分，它们分别是内容词、背景词和品控词。内容词对应需要生成的画面元素，由于这里生成的是字体而非常规画面，所以一般采用描述物体特征的内容词，最常见的就是材质类内容词，如金属、石头、沙粒、玻璃、塑料、油漆等。

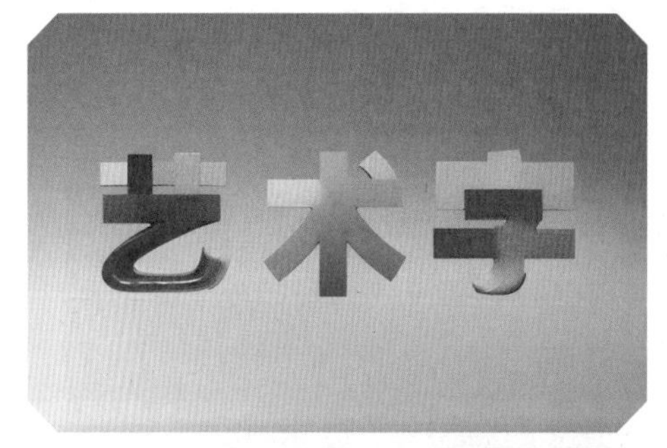

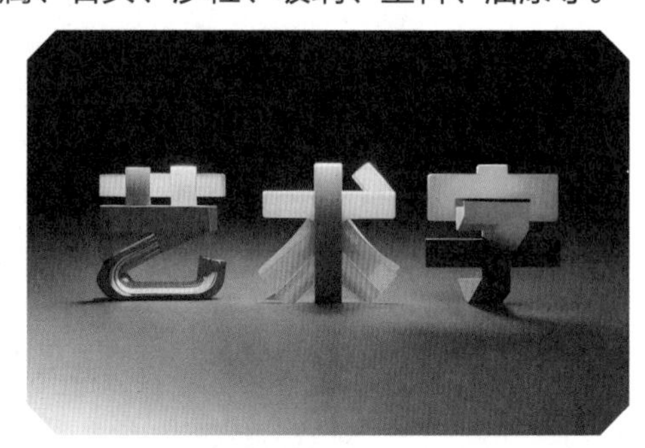

为了凸显字体的设计，背景词通常会书写为“simple background”或某个纯色背景词，也可以设置光照、阴影或其他需要的背景。

品控词包括正向品控词和反向品控词，除了直接书写之外，也可以设置预设样式来减少书写工作量，还可以使用 Embeddings 来加入品控词。

虽然 ControlNet 的控制类型有很多，但最适用于生成特效艺术字的控制类型为 Depth、Canny 或 Scribble/Sketch。其中 Depth 是利用深度塑造形体，所以生成的文字会凸起。如果想要使文字呈现出凹陷或镂空的效果，可以在控制类型和模型均为 Depth 的情况下，将预处理器设置为无。

Canny 可以使文字作为图片的一部分而不是游离于背景之外，它通过控制局部轮廓的特性使之在图片之中自然地呈现文字的形体。

Scribble 则可以生成更为艺术化的文字，尤其是想要生成比较纤细的文字时，使用 Depth 或 Canny 可能会使文字略显模糊，此时使用 invert 进行反相处理后再使用 Scribble 可能会得到令人惊喜的效果。

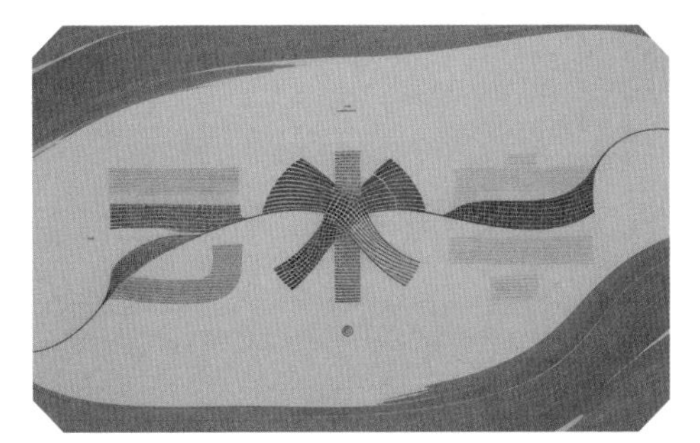

ControlNet 参数的不同也会带来各种各样的效果。以控制类型为 Depth 为例，权重越高，控制强度越大，但为了让 Stable Diffusion 有发挥空间，一般推荐将权重设置为 0.5 ～ 1。

权重：0.3

权重：0.5

权重：0.7

权重：0.9

权重：1.1

权重：1.3

另外，不同的引导介入和引导终止时机也会对生成效果产生一定的影响，大家可以自行检验。

特效艺术字效果展示

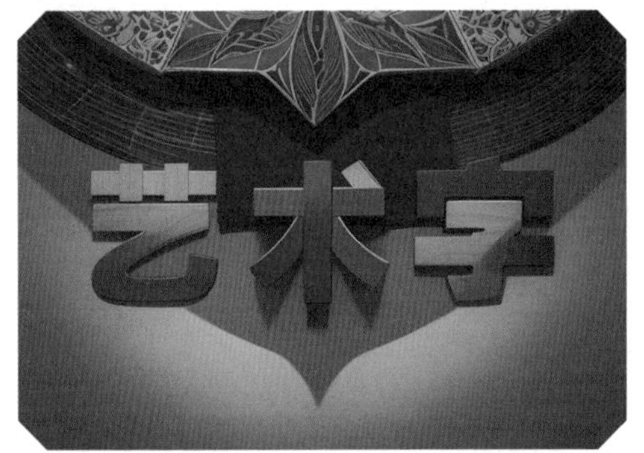

艺术字

艺术字

艺术字

艺术字

艺术字

艺术字

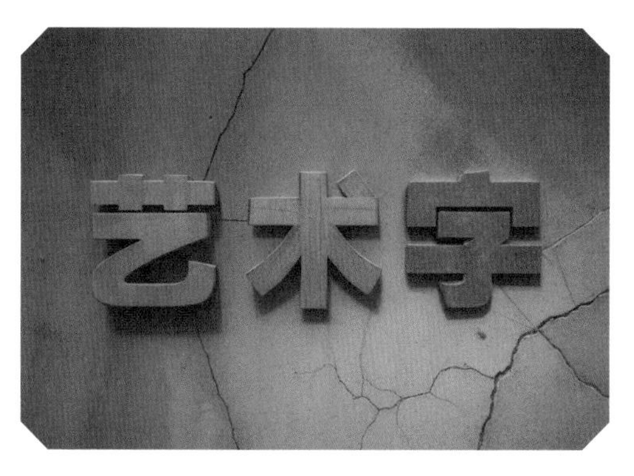
艺术字

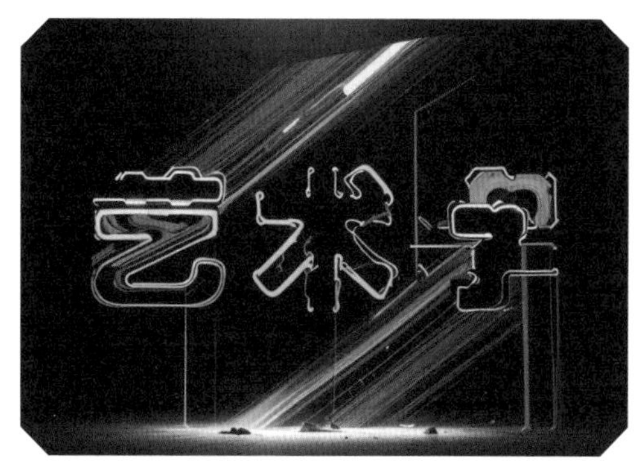
艺术字

6.3 超省时——漫画不用“画”

创作漫画时，绘制线稿往往是作者发挥创意的阶段，而上色则成为具有一定机械性和重复性的工作。在 AI 绘画时代，很多软件都可以帮助作者完成部分上色的流程，但它们也有一定的缺点，如形体不够准确、色彩溢出等。为了避免出现这些问题，这里推荐使用 ControlNet 的一个控制类型——Lineart。

Lineart，即“线稿”，它源自 ControlNet 早期版本中的 Canny，原理和本质也与 Canny 相同，二者都是基于图像边缘线条的控制类型。经过不断的独立发展，Lineart 成为专用于提取图像线稿并进行重绘的控制类型，其预处理器包括 6 种。前两种专用于动漫图像的线稿提取，带有去噪效果的线条会更精细一些；粗略线稿提取的效果没那么精细，如果想要减弱控制效果，提升 Stable Diffusion 的自由发挥度，可以选择该预处理器；写实线稿提取则专用于真实图像的线稿提取，常用于真人照片转动漫图像的操作之中；后两种则专用于白底黑线图像的线稿提取，它们会先进行反相操作，将图像转换成 ControlNet 能够识别的黑底白线形式。

lineart_anime (动漫线稿提取)
lineart_anime_denoise (动漫线稿提取 - 去噪)
lineart_coarse (粗略线稿提取)
lineart_realistic (写实线稿提取)
✓ lineart_standard (标准线稿提取 - 白底黑线反色)
invert (对白色背景黑色线条图像反相处理)
lineart_standard (from white bg & black line)

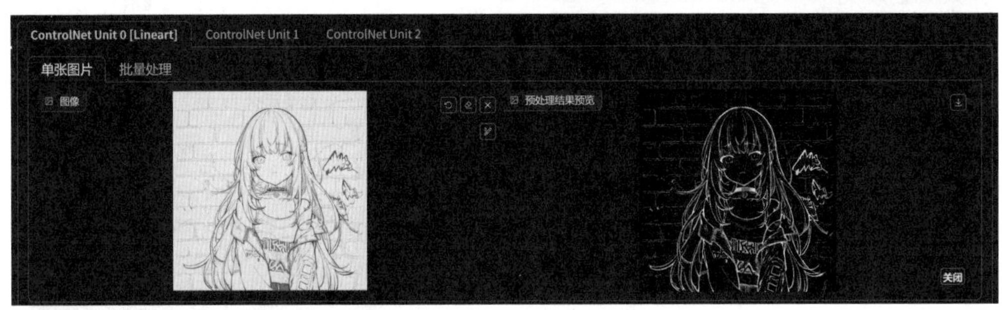

后面对线稿进行上色就会用到这两种预处理器。由于 lineart_standard 会起到强化并使部分线条更平滑的作用，所以一般更推荐使用它。

选择控制类型为 Lineart，预处理器为 lineart_standard，模型为 lineart，上传一张手绘线稿，点击“爆炸”按钮，查看预处理结果。

选择合适的大模型，输入关于图像各部分色彩的提示词，如肤色、发色、瞳色、服饰颜色和背景颜色等，设置相应的参数，点击“生成”按钮即可看到上色效果。

线稿上色效果展示

线稿图

提示词为“blue hair, pink flower, purple eyes, black dress”时的上色效果

提示词为“black hair, red flower, brown eyes, white dress”时的上色效果

提示词为“ yellow hair, black flower, brown eyes, red dress”时的上色效果

线稿图

真人风格上色效果

动漫风格上色效果

2.5 次元风格上色效果

除了能够给线稿准确上色之外，Lineart 在漫画绘制中还能发挥另一个作用，那就是给角色换装。在不同的漫画领域，尤其是在游戏漫画领域，一个角色拥有无数套皮肤已经是很常见的事情了，使用 Lineart 可以让你轻松当上皮肤设计师。

为了让设计流程更为便捷，这里还要向你推荐 ControlNet 的另一个控制类型——IP-Adapter，它与 Lineart 结合使用，便能达到将灵感变为画作的目的。

IP-Adapter 由腾讯 AI 实验室开发，在解读图片的能力上有了很大的提升，能够更好地解析参考图的元素、颜色甚至意境，并结合提示词将这些内容赋予新生成的图片，实现风格迁移。下面以一个实例来说明它的使用方法和效果，这里还会进行联合控制操作，也就是使用两个或两个以上的 ControlNet 控制类型来共同作用于结果。

首先，在 ControlNet Unit0 中选择控制类型为 IP-Adapter，预处理器为 ip-adapter_clip，模型为 ip-adapter，上传一张星空图作为参考图。为了避免参考图过度影响原图的主体内容，可以将权重设置为 0.8，引导终止时机也设置为 0.8，如果感觉生成图的色彩与参考图相比不够浓烈，可以再适当调大这两个数值。由于 IP-Adapter 是对图片的信息进行分析提取，没有具体的操作，所以预览图也仍然是原图，我们也就无须浪费时间进行预览了。

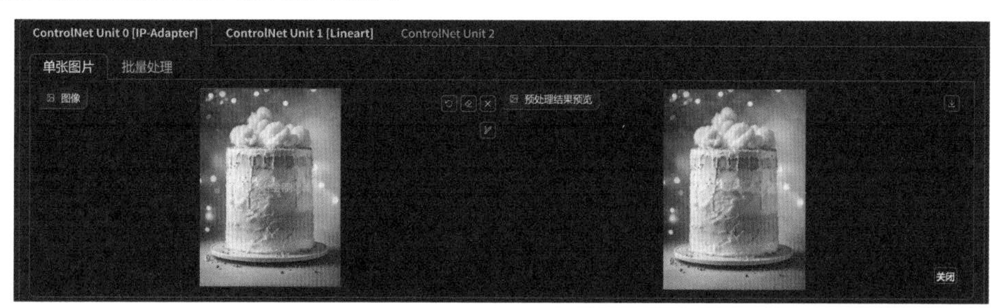

接着，在 ControlNet Unit1 中选择控制类型为 Lineart，预处理器为 lineart_anime，模型为 lineart，上传一张动漫图作为原图，记得在两个 Unit 中都要勾选启用。

最后，在提示词框中输入与参考图风格相对应的文本，设置好大模型与其他参数，点击生成按钮，就能得到一张与参考图风格类似的角色换装图了。

线稿图

上色图

角色换装图

角色换装效果展示

参考图①

角色换装图①

参考图②

角色换装图②

参考图

角色换装图

参考图

角色换装图

6.4 超简单——制作 AI 动画

如果你以为 Stable Diffusion 只是一个 AI 绘画软件，那就太低估它强大的能力和丰富的扩展插件了。这里向大家推荐一个扩展插件——Mov2Mov, 它能够帮助使用者将普通视频转换为各种风格的 AI 动画。

视频是由许多张图片连在一起组成的，其中每一张图片都是视频的 1 帧，1 秒呈现图片的数量就是视频的帧率。通常来说，帧率在 10 帧 / 秒以上就会让人感觉到视频的动态效果，帧率在 24 帧 / 秒以上就会消除视频中的卡顿，帧率越高，视频自然越流畅，但相应地，帧率越高，对于设备的要求也就越高，所以一般会根据实际情况和视频制作需求来决定帧率的具体数值。

简单地说，Mov2Mov 就是将输入的视频按照设定的帧率拆成许多张图片，接着对这些图片进行图生图的操作，将它们都转变成特定风格的 AI 图片，最后再把所有 AI 图片按原帧率连起来组成视频，从而实现对视频的 AI 转化。我们一起来操作一遍，你就会对这个扩展插件有所认识。

第一步，安装 Mov2Mov。使用之前介绍的安装扩展插件的方式，即通过扩展界面安装，或将下载好的文件夹放置在启动器文件夹下的 extensions 文件夹内，然后刷新已安装选项卡，检查该扩展插件是否出现在列表中，确认勾选并点击“应用更改并重启”按钮。安装完成后，软件中会多出一个 mov2mov 界面。

第二步，在图像框中上传准备好的一个真人舞蹈原始视频，输入相应的提示词并设置好各参数，点击“生成”按钮后就可以在右侧的图像框中看到 Stable Diffusion 对视频中的每一张图片进行图生图的重绘操作。整个流程完成后，就可以直接在图像框中预览生成的视频了。

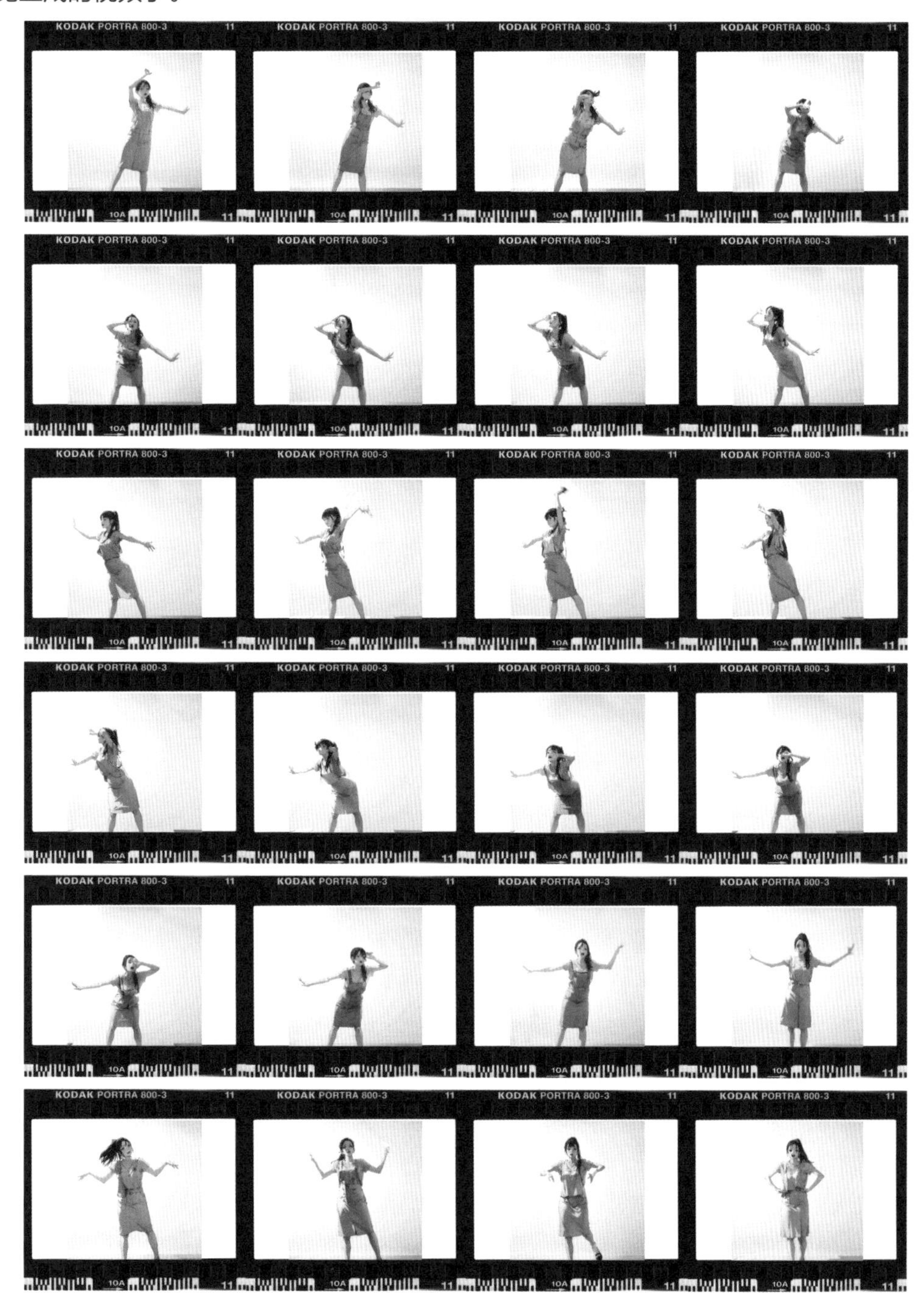

使用 Mov2Mov 生成一段 AI 动画十分容易，但想要得到一段高质量的 AI 动画就需要了解更多相关信息和注意事项了。这里对比较重要的几项设置和参数加以讲解，大家可以在这些方面进行调整和尝试，以提高输出视频的质量。

提示词：由于是对大量图片进行图生图操作，不可能针对每一张图片设置提示词，所以不要使用具有较强指向性的、十分具体的提示词，而是要考虑到整体视频的特征来进行书写，比如本节这个例子所用的正向提示词为：

1girl, black hair, ponytail, yellow shirt, blue strap skirt,

white background, simple background,

masterpiece, best quality, highres, original, dynamic pose, detailed face,

该提示词由 3 个部分组成。第一部分为针对画面内容的描述，包括人物的性别、发型、衣着这种比较固定的特征，而动作和表情等可能在不停变化的特征就不需要描述了；第二部分为针对画面背景的描述，这里是根据原视频的背景书写的；第三部分则是针对画面品控的描述，使用常规且可套用的词即可。

大模型：尽量选择与视频内容相关的大模型，例如人物类视频就要选择一个在人物刻画上比较有表现力，能使人物边缘轮廓清晰、色彩鲜艳度和对比度都比较高的大模型；风景类视频则要选择一个针对风景图片进行过大批量数据训练的大模型。针对本节这个例子，笔者选择了 DarkSushiMix 这个模型，它以塑造的人物富有张力而著称，输出视频中的人物在形体和色彩方面都十分出众。

图生图参数：迭代步数和采样方法可以根据所选大模型的推荐来设置；重绘尺寸尽量保持与原视频尺寸相同；重绘幅度则建议设置为 0.5，这样能在保持输出视频和原视频吻合及赋予 Stable Diffusion 创作自由之间达到平衡。

Mov2Mov 参数：最常用来调整效果的参数有 3 个。

Nosie multiplier 为噪声倍率，即生成图片时的真实重绘幅度是所设置的重绘幅度乘以噪声倍率后得到的数值，比如本节这个例子设置的重绘幅度为 0.5，噪声倍率为 0.9，那么图生图过程中的真实重绘幅度为 0.45。该数值范围为 0 ～ 1.5，默认值为 1，数值太小会导致出图效果差且变化不明显，数值太大则会导致 Stable Diffusion 过度发挥，输出视频与原视频差距过大，所以通常建议设置在 0.8 ～ 1，以确保生成效果和画面质量的稳定。

Movie Frames 为帧率，数值范围为 0 ～ 25，该数值可与原始帧率保持一致。如果输出视频并不要求较高的帧率，可以结合硬件设备、所需时间和具体情况来进行设置。

Max Frames 为最多帧数，表示一次性生成的帧数，默认值为 -1，表示将全部视频的所有帧数都生成完毕并合成新的视频，可以改变数值来生成部分视频进行预览，再决定是否使用该效果生成全部视频。例如设置数值为 30，表示生成 30 帧。如果将数值设置为 15，那么就会只生成 2 秒的视频。

就像使用 AI 绘画软件也不可能每次都得到百分百满意的效果一样，AI 动画仍然存在很多问题。比如画面错乱，AI 绘画软件无法完全正确地读取每一张图片的内容，从而导致输出视频与原视频存在差异；再如画面闪烁，AI 绘画软件不能保持一致地重绘每张图片，所以每一帧之间都会有所变化。此外，AI 动画在制作上还有所需时间长、对硬件要求高等缺点。可即便如此，也无法阻挡我们使用 AI 动画来为生活、工作增加趣味。

制作 AI 动画效果展示

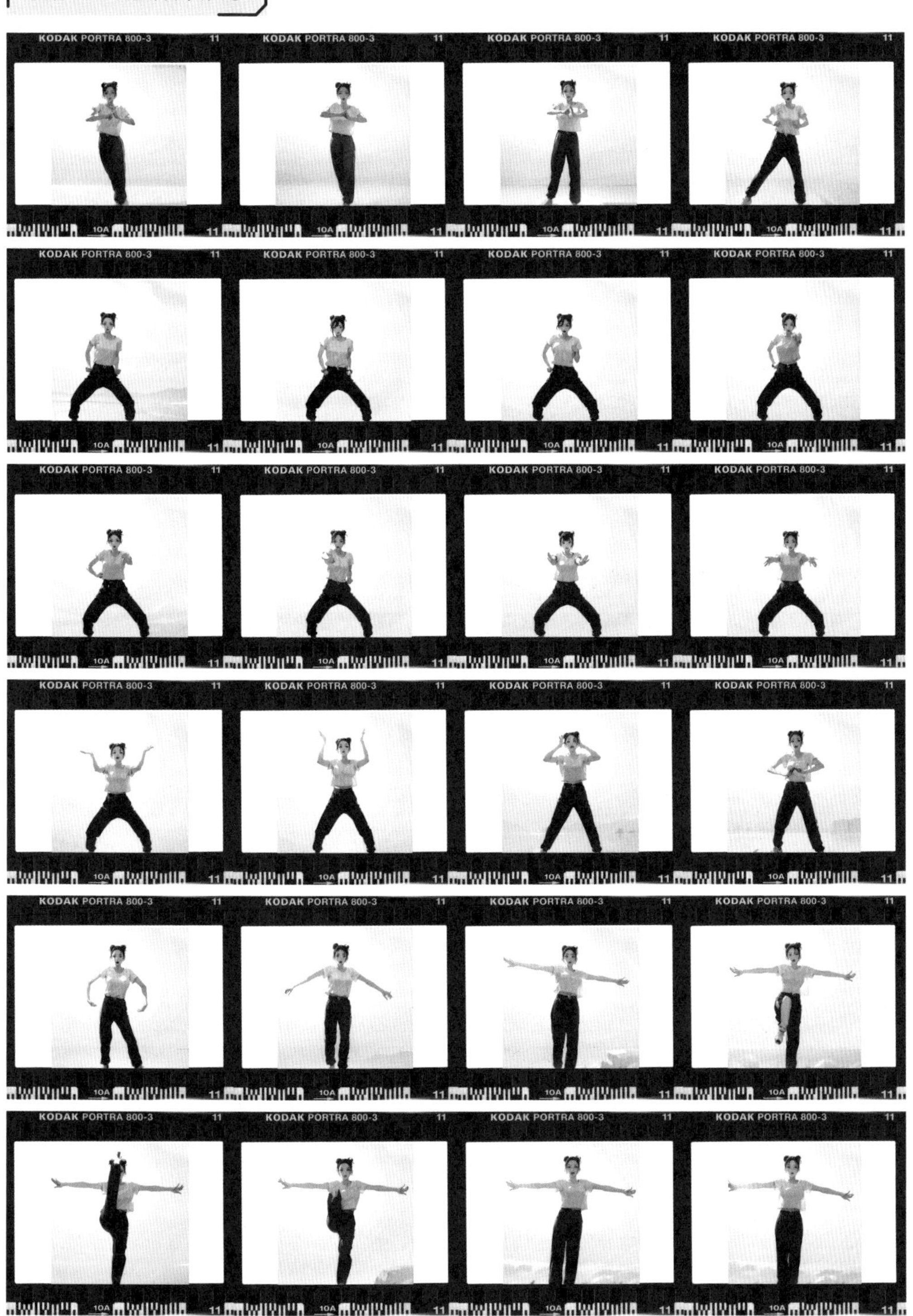

在实际使用过程中，可以叠加使用 Lora 来保持人物形象的一致性，也可以叠加使用 ControlNet 来控制人物的姿态和轮廓，还可以叠加使用 ADetailer 来改善面部和手部结构。